混凝土性能
与工程应用

The Performance and
Engineering Application of Concrete

杜红伟　著

中国电力出版社
CHINA ELECTRIC POWER PRESS

内 容 提 要

本书介绍了混凝土的配制方法、性能指标的测试方法；重点阐述了龄期强度问题、需水量公式的适用问题、保罗米强度公式中的回归系数选择问题；在耐久性方面，进一步结合自密实混凝土中氯离子引起钢筋锈蚀问题进行了较为深入的分析和探讨，并探讨了钢纤维增强混凝土的耐久性评价方式；最后，预测和展望了混凝土的未来发展方向。

本书可供混凝土结构设计单位、混凝土原材料供应企业、混凝土搅拌站、施工单位、监理单位、检测与建筑质量管理机构、政府建设管理部门的科研、技术与管理人员，以及高等学校的教师、研究生、本科生参考，也可作为高等学校相关专业的课程教材使用。

图书在版编目（CIP）数据

混凝土性能与工程应用/杜红伟著 . —北京：中国电力出版社，2017.8
ISBN 978 - 7 - 5198 - 1092 - 4

Ⅰ.①混… Ⅱ.①杜… Ⅲ.①混凝土－性能检测 Ⅳ.①TU528.04

中国版本图书馆 CIP 数据核字（2017）第 206620 号

出版发行：中国电力出版社
地　　址：北京市东城区北京站西街 19 号（邮政编码 100005）
网　　址：http://www.cepp.sgcc.com.cn
责任编辑：未翠霞　（010 - 63412611）
责任校对：郝军燕
装帧设计：于　音
责任印制：杨晓东

印　　刷：三河市汇鑫印务有限公司
版　　次：2017 年 8 月第一版
印　　次：2017 年 8 月北京第一次印刷
开　　本：710 毫米×1000 毫米　16 开本
印　　张：9
字　　数：170 千字
定　　价：46.00 元

前　　言

多年来，作者及其研究团队受诸多前辈及同仁学术思想的引领，不断学习现代混凝土理论与技术，总结体会与心得，便成此书。拙作之目的，在于进一步弘扬与传播混凝土实用技术、加深材料合成的理念、技术精髓与工程意义，让更多混凝土研究与技术人员以及工程建设者建立和受益于此种理念。

本书介绍了混凝土的配制方法、性能指标的测试方法；重点阐述了龄期强度问题、需水量公式的适用问题、保罗米强度公式中的回归系数选择问题；在耐久性方面，进一步结合自密实混凝土中氯离子引起钢筋锈蚀问题进行了较为深入的分析和探讨，并探讨了钢纤维增强混凝土的耐久性评价方式；最后，预测和展望了混凝土的未来发展方向。

感谢给予作者指导的南阳理工学院张锢教授、张世海教授、杜太生教授、司马玉洲教授、陈孝珍教授、马中军教授。正是有了专家们的教诲和帮助，包括引用的大量数据资料，才使本书更臻完善。团队中的杜小明、谢学俭、尹晓清、胡炜、褚卫瑞、李森森、赵海鑫等青年教师，以及道路桥梁与渡河工程专业 2015级的高慧、张宇、李晓亮，2014 级的张增辉、朱林权、符建宇等同学做了大量工作。同时，本书涉及的研究项目得到了南阳龙升商混有限公司、南阳智安工程检测公司、河南恒禹水利工程有限公司的大力支持与帮助。在此一并表示衷心感谢。

时值南阳理工学院 30 年校庆来临之际，也愿以本书的面世感谢南阳理工学院 30 年来的培育之恩。

由于作者学术水平有限，书中难免有疏漏与错误之处，敬请国内外同仁批评指正。

杜红伟
2017 年 7 月于南阳

目　　录

前言

第1章　概述 …………………………………………………………… 1

1.1　混凝土的定义及发展简史 ……………………………………… 1

1.2　混凝土的分类 …………………………………………………… 2

1.3　水泥混凝土的特点 ……………………………………………… 2

参考文献 ……………………………………………………………… 3

第2章　混凝土的配合比设计 ………………………………………… 4

2.1　概述 ……………………………………………………………… 4

2.2　配合比设计的基本要求、基本参数和符号含义 ……………… 4

2.3　混凝土配制强度的确定 ………………………………………… 5

2.4　普通混凝土配合比设计步骤 …………………………………… 6

2.5　混凝土配合比设计实践过程中若干问题的探讨 …………… 13

2.6　混凝土配合比设计实例 ……………………………………… 16

2.7　小结 …………………………………………………………… 20

参考文献 …………………………………………………………… 21

第3章　混凝土的耐久性 …………………………………………… 22

3.1　概述 …………………………………………………………… 22

3.2　钢筋抗锈蚀性能力 …………………………………………… 28

3.3　纤维复合材料加固混凝土构件耐久性设计 ………………… 32

3.4　提高混凝土耐久性的主要措施 ……………………………… 41

参考文献 …………………………………………………………… 42

第4章　关于混凝土实际工程若干问题的探讨 …………………… 43

4.1　水泥混凝土路面单位用水量计算经验公式质疑 …………… 43

4.2　混凝土龄期强度问题 ………………………………………… 48

4.3　保罗米强度公式回归系数问题 ……………………………… 58

4.4　大体积混凝土的裂缝问题 …………………………………… 75

参考文献 …………………………………………………………… 93

第 5 章　混凝土的未来发展方向 ································ 95

　5.1　纤维增强混凝土 ······································ 95

　5.2　聚合物混凝土 ·· 96

　5.3　泵送混凝土 ·· 97

　5.4　高强混凝土 ·· 100

　5.5　高性能混凝土 ·· 101

　5.6　绿色混凝土 ·· 103

　5.7　智能混凝土 ·· 106

　5.8　自密实混凝土 ·· 107

参考文献 ·· 135

第1章

概　　述

混凝土是将胶凝材料、骨料和水按一定比例配制，经搅拌振捣成型，在一定条件下养护而成的人造石材，是当代最主要的土木工程材料之一。混凝土的原料丰富，成本较低，生产工艺简单，同时还具有抗压强度高、耐久性好、强度等级范围宽等特点，因而在工程建设中得到了广泛的应用，是用量最大的土木工程材料。以及其他种类混凝土及其新进展等内容进行阐述与研究。

1.1　混凝土的定义及发展简史

混凝土是由胶凝材料（胶结料），粗、细骨料（或称集料），水及其他外掺材料，按适当的比例配制并经硬化而成的人造石材。胶结料有水泥、石膏等无机胶凝材料和沥青、聚合物等有机胶凝材料，无机及有机胶凝材料也可复合使用。以水泥为胶凝材料的混凝土即为水泥混凝土。混凝土常简写为"砼"。

混凝土材料的应用可追溯到数千年前，我国劳动人民及埃及人用石灰与砂配制成的砂浆砌筑房屋。后来古罗马人用火山灰、石灰、砂石制备成"天然混凝土"，其具有坚固耐久、不透水的特点，万神殿和罗马圆剧场就是其中杰出代表。

1824 年英国人约瑟夫·阿斯普丁发明了波特兰水泥，1830 年前后水泥混凝土问世，从此水泥代替了火山灰、石灰用于制造混凝土，才出现了现代意义上的混凝土。1825 年英国用混凝土修建了泰晤士河水下公路隧道工程；1850 年出现了钢筋混凝土，使混凝土技术发生了第一次革命。1872 年在纽约建造了第一所钢筋混凝土房屋，1895～1900 年用混凝土成功建造了第一批桥墩，从此，混凝土开始作为最主要的结构材料，影响和塑造了现代建筑；1928 年制成了预应力钢筋混凝土，是混凝土技术的第二次革命；1965 年前后以减水剂为代表的混凝土外加剂的应用，使混凝土的工作性和强度得到显著提高，开启了混凝土技术的第三次革命。混凝土是现代建筑工程中用途最广、用量最大的建筑材料之一，目前全世界混凝土材料的年产量超过 100 亿 t[1-1]。

1.2　混凝土的分类

混凝土经过一百多年的发展，其品种繁多，通常从以下几方面进行分类：

（1）按照胶凝材料不同可分为水泥混凝土、石膏混凝土、水玻璃混凝土、沥青混凝土、聚合物混凝土等。

（2）按照体积密度可分为重混凝土（$\rho_0 > 2600 \mathrm{kg/m^3}$）、普通混凝土（$\rho_0 = 1950 \sim 2500 \mathrm{kg/m^3}$）和轻混凝土（$\rho_0 < 1950 \mathrm{kg/m^3}$）。

（3）按照用途可分为普通混凝土、道路混凝土、防水混凝土、耐热混凝土、耐酸混凝土、防辐射混凝土、膨胀混凝土、装饰混凝土、大体积混凝土等。

（4）按照施工工艺可分为泵送混凝土、预拌混凝土（商品混凝土）、喷射混凝土、碾压混凝土、挤压混凝土、压力灌浆混凝土、自密实混凝土、堆石混凝土、离心混凝土、真空脱水混凝土等。

（5）按强度等级可分为低强混凝土（$f_{cu} < 30 \mathrm{MPa}$）、中强混凝土（$f_{cu} = 30 \sim 55 \mathrm{MPa}$）、高强混凝土（$f_{cu} \geqslant 60 \mathrm{MPa}$）、超高强混凝土（$f_{cu} \geqslant 100 \mathrm{MPa}$）等。

（6）按掺合料可分为粉煤灰混凝土、矿渣混凝土、硅灰混凝土、复合掺合料混凝土等[1-2]。

1.3　水泥混凝土的特点

水泥混凝土是当代最重要、用量最大的土木工程材料，这是由它所具有的以下特点所决定的：

（1）耐水性能好，用途广泛。

（2）其主要组成材料如骨料、水泥等可就地取材，价格价廉，生产能耗低。

（3）易成型为形状与尺寸变化范围很大的构件。

（4）可以与钢材结合，制成钢筋混凝土和预应力混凝土。

但混凝土也存在以下缺点：自身质量重，抗拉强度远小于抗压强度，变形能力相当小，性脆易裂，干缩和导热系数较大，施工周期长，耐久性不足，施工质量波动也较大。

100 多年来为克服混凝土的缺点，人们在其改性方面做了不懈努力，并多次取得了突破性进展。1867 年法国人 J. Monier 发现了钢筋混凝土的原理，其后德国在理论应用上加以发展，极大地扩展了混凝土的使用范围。1916 年 D. A. Abrams 提出了混凝土强度的水灰比学说，Lyse 在 1925 年发表了灰水比学说及恒定用水量法则，从而奠定了现代混凝土的理论基础。1928 年法国的 E. Freyssinet 提出了混凝土收缩和徐变理论，将预应力技术应用于混凝土工程中，这一技术的出现是混凝土技术的一次飞跃。20 世纪中叶以后减水剂等外加剂相继出现，对混凝土的改性做出了突出贡献。近年来聚合物混凝土、纤维混凝土的应用日趋完善，混凝土正朝着高性能、绿色化、生态型的方向发展。

混凝土质量的好坏和技术性质在很大程度上是由原材料及其相对含量所决定的，同时也与施工工艺有关。

混凝土的品种虽然繁多，但在工程实际中还是以普通的水泥混凝土应用最为广泛，如果没有特殊说明，狭义上我们通常称其为混凝土，本书作重点讲述[1-3]。

参 考 文 献

[1-1] 杜红伟，方玲. 建筑材料 [M]. 沈阳：东北大学出版社，2016.

[1-2] 李迁. 土木工程材料 [M]. 北京：清华大学出版社，2015.

[1-3] 王作文. 土木工程施工 [M]. 北京：中国水利水电出版社，2011.

第 2 章

混凝土的配合比设计

2.1　概述

在某种意义上，混凝土材料学是一门试验的科学，要想配制出品质优异的混凝土，必须具备先进、科学的设计理念，加上丰富的工程实践经验，通过实验室试验完成。但对于初学者来说首先必须掌握混凝土的标准设计与配制方法。混凝土配合比设计就是根据工程要求、结构形式和施工条件来确定各组成材料数量之间的比例关系。

普通混凝土配合比设计就是确定混凝土中各组成材料的质量比。配合比有两种表示方法，一种是以 $1m^3$ 混凝土中各材料的质量表示，如水泥 300kg、粉煤灰 60kg、砂 660kg、石子 1200kg、水 180kg；另一种是以各材料相互间的质量比来表示，以水泥质量为 1，按水泥、矿物掺合料（如粉煤灰）、砂子、石子和水的顺序排列，将上例换算成质量比为 1：0.20：2.20：4.00：0.60[2-1]。

2.2　配合比设计的基本要求、基本参数和符号含义

混凝土配合比设计必须满足以下四项基本要求：

（1）满足结构设计的混凝土强度等级要求。

（2）满足施工对混凝土拌和物和易性的要求。

（3）满足工程使用环境对混凝土耐久性的要求。

（4）符合经济原则，节约水泥以降低混凝土成本。

混凝土配合比设计的三个基本参数是水胶比（W/B）、砂率（S_p）和单位用水量（W）。

常用符号含义如下：B 表示胶凝材料（binder），C 表示水泥（cement），F 表示矿物掺合料（mineral admixture），S 表示砂（sand），G 表示石子（gravel），W 表示水（water）[2-2]。

2.3　混凝土配制强度的确定

若按设计强度来配制混凝土（混凝土强度的平均值为设计强度），混凝土强度保证率 P 只有 50%，显然不安全。为使混凝土强度有足够的保证率，必须使配制强度高于设计强度。根据我国《普通混凝土配合比设计规程》（JGJ 55—2011）的规定：

（1）当混凝土的设计强度等级小于 C60 时，配制强度应按式（2-1a）计算：

$$f_{co,0} \geqslant f_{cu,k} + 1.645\sigma \qquad (2-1a)$$

式中　$f_{cu,0}$——混凝土配制强度，MPa；

　　　$f_{cu,k}$——混凝土立方体抗压强度标准值，这里取设计混凝土强度等级值，MPa；

　　　σ——混凝土强度标准差，MPa。

（2）当设计强度等级大于或等于 C60 时，配制强度应按式（2-1b）计算：

$$f_{cu,0} \geqslant 1.15 f_{cu,k} \qquad (2-1b)$$

（3）混凝土强度标准差应按照下列规定确定：

1）当具有近 1~3 个月的同一品种、同一强度等级混凝土的强度资料时，其混凝土强度标准差 σ 应按式（2-2）计算：

$$\sigma = \sqrt{\dfrac{\displaystyle\sum_{i=1}^{n} f_{cu,i}^2 - n\bar{f}_{cu}^2}{n-1}} \qquad (2-2)$$

式中　$f_{cu,i}$——第 i 组的试件强度，MPa；

　　　$\bar{f}_{cu}$——n 组试件的强度平均值，MPa；

　　　n——试件组数，n 应大于或者等于 30。

对于强度等级不大于 C30 的混凝土：当 σ 计算值不小于 3.0MPa 时，应按照计算结果取值；当 σ 计算值小于 3.0MPa 时，σ 应取 3.0MPa。对于强度等级大于 C30 且不大于 C60 的混凝土：当 σ 计算值不小于 4.0MPa 时，应按照计算结果取值；当 σ 计算值小于 4.0MPa 时，σ 应取 4.0MPa。

2）当没有近期的同一品种、同一强度等级混凝土强度资料时，其强度标准差 σ 可按表 2-1 取值[2-3]。

表 2-1　　　　　　　　　　　　　　　标准差 σ 值

混凝土强度标准值	≤C20	C25~C45	C50~C55
σ/MPa	4.0	5.0	6.0

2.4　普通混凝土配合比设计步骤

普通混凝土配合比设计分三步进行。

第一步，计算初步配合比。

第二步，对初步配合比进行试配、调整，包括：和易性调整，确定混凝土的基准配合比；强度调整，确定混凝土的实验室配合比。

第三步，计算混凝土施工配合比[2-4]。

2.4.1　计算初步配合比

普通混凝土初步配合比设计依据《普通混凝土配合比设计规程》（JGJ 55—2011）进行，见表2-2，用该表确定的是1m³混凝土各材料的用量（kg）。计算时要注意各表的"说明"和"注"。同时，结构混凝土的耐久性基本要求见表2-3，以及其他基本参数的确定见表2-4～表2-8。

表2-2　　　　　　　　　普通混凝土初步配合比设计

序号	步骤	方法	说明
1	确定配制强度（$f_{cu,0}$）	当$f_{cu,k}<$C60时：$$f_{cu,0}=f_{cu,k}+t\sigma \text{ 或 } f_{cu,0}=\frac{f_{cu,k}}{1-tC_v}$$ 当$f_{cu,k}\geqslant$C60时：$$f_{cu,0}\geqslant 1.15f_{cu,k}$$	$f_{cu,k}$—混凝土设计强度等级，MPa。t—概率度，它与强度保证率P（%）相对应。JGJ 55—2011规定P（%）=95%，$t=1.645$。σ—混凝土强度标准差，MPa。可根据混凝土生产单位的历史资料，用式（2-2）统计计算；无历史资料时，按表2-1选取。C_v——混凝土强度变异系数。根据混凝土生产单位的施工管理水平来确定，一般为0.13～0.18
2	确定水胶比（W/B）	$$W/B=\frac{\alpha_a f_b}{f_{cu,0}+\alpha_a \alpha_b f_b}$$	碎石混凝土：$\alpha_a=0.53$，$\alpha_b=0.20$。卵石混凝土：$\alpha_a=0.49$，$\alpha_b=0.13$。f_b—胶凝材料28d胶砂抗压强度，MPa，可实测；计算出W/B后查表2-3进行耐久性鉴定

序号	步骤	方法	说明
3	确定用水量（W_0）	当混凝土水胶比在 0.40~0.80 范围时，查表 2-4。 当混凝土水胶比小于 0.40 时，可通过试验确定	
4	计算胶凝材料用量（B_0）	$B_0 = \dfrac{W_0}{W/B}$	计算 B_0 后查表 2-5 进行耐久性鉴定
5	计算矿物物掺合料用量（F_0）	$F_0 = B_0 \beta_f$	β_f—矿物掺合料掺量（%），结合表 2-6 和表 2-7 确定
6	计算水泥用量（C_0）	$C_0 = B_0 - F_0$	
7	确定砂率（S_p）	查表 2-7	
8	计算砂、石用量（S_0、G_0）	（1）体积法（绝对体积法）： 即假定混凝土拌和物的体积等于其各组成材料的绝对体积及其所含少量空气体积之和。 $\begin{cases} \dfrac{C_0}{\rho_c} + \dfrac{F_0}{\rho_f} + \dfrac{S_0}{\rho_s} + \dfrac{G_0}{\rho_g} + \dfrac{W_0}{\rho_w} + 10\alpha = 1000 \ (L) \\ \dfrac{S_0}{S_0+G_0} \times 100\% = S_p \end{cases}$	ρ_c—水泥密度，可实测或取 2.9~3.1g/cm³；ρ_f—矿物掺合料密度；ρ_s、ρ_g—砂、石的表观密度；ρ_w—水的密度，可取 1g/cm³；α—混凝土含气量百分数，不掺引气型外加剂时，α 可取 1；掺引气型外加剂时，$\alpha = 2~4$。 ρ_c、ρ_f、ρ_s、ρ_g、ρ_w 的单位均为 g/cm³
		（2）质量法（假定体积密度法）： $\begin{cases} C_0 + F_0 + S_0 + G_0 + W_0 = \rho_{0c} \\ \dfrac{S_0}{S_0+G_0} \times 100\% = S_p \end{cases}$	ρ_{0c}—每立方米混凝土的假定质量。 ρ_{0c} 的参考值： C15~C20，$\rho_{0c} = 2350$kg/m³ C25~C40，$\rho_{0c} = 2400$kg/m³ C45~C80，$\rho_{0c} = 2450$kg/m³

表 2 - 3 结构混凝土的耐久性基本要求

环境条件	最大水胶比	最低强度等级	最大氯离子含量（%）	最大碱含量/ (kg/m³)
室内干燥环境； 无侵蚀性静水浸没环境	0.60	C20	0.30	不限制
室内潮湿环境； 非严寒和非寒冷地区的露天环境； 非严寒和非寒冷地区与无侵蚀性的水或土壤直接接触的环境； 严寒和寒冷地区的冰冻线以下与无侵蚀性的水或土壤直接接触的环境	0.55	C25	0.20	0.30
干湿交替环境； 水位频繁变动环境； 严寒和寒冷地区的露天环境； 严寒和寒冷地区冰冻线以上与无侵蚀性的水或土壤直接接触的环境	0.50 (0.55)①	C30 (C25)①	0.15	
严寒和寒冷地区冬季水位变动区环境； 受除冰盐影响环境； 海风环境	0.45 (0.50)①	C35 (C30)①	0.15	
盐渍土环境； 受除冰盐作用环境； 海岸环境	0.40	C40	0.10	

①处于严寒和寒冷地区环境中的混凝土应使用引气剂，并可采用括号中的有关参数。

表 2 - 4 混凝土单位用水量选用表 (kg/m³)

混凝土类型	项目	指标	卵石最大粒径/mm				碎石最大粒径/mm			
			10	20	31.5	40	16	20	31.5	40
塑性混凝土	坍落度/mm	10～30	190	170	160	150	200	185	175	165
		35～50	200	180	170	160	210	195	185	175
		55～70	210	190	180	170	220	205	195	185
		75～90	215	195	185	175	230	215	205	195

混凝土类型	项目	指标	卵石最大粒径/mm				碎石最大粒径/mm			
			10	20	31.5	40	16	20	31.5	40
干硬性混凝土	维勃稠度/s	16～20	175	160	—	145	180	170	—	155
		11～15	180	165	—	150	185	175	—	160
		5～10	185	170	—	155	190	180	—	165

注：1. 塑性混凝土的用水量系采用中砂时的取值。采用细砂时，1m³ 混凝土用水量可增加 5～10kg；采用粗砂则可减少 5～10kg。

2. 塑性混凝土掺用矿物掺合料和外加剂时，用水量应相应调整。

3. 掺外加剂时，每立方米流动性或大流动性混凝土的用水量（W_0）可按公式 $W_0 = W_0'(1-\beta)$ 计算。式中 W_0' 是指未掺外加剂时推定的满足实际坍落度要求的每立方米混凝土用水量（kg/m³），以本表塑性混凝土中 90mm 坍落度的用水量为基础，按每增大 20mm 坍落度相应增加 5kg/m³ 用水量来计算，当坍落度增大到 180mm 以上时，随坍落度相应增加的用水量可减少。式中 β 为外加剂的减水率（%）。

表 2-5　　　　　混凝土的最小胶凝材料用量　　　　　　　（kg/m³）

最大水胶比	素混凝土	钢筋混凝土	预应力混凝土
0.60	250	280	300
0.55	280	300	300
0.50		320	
≤0.45		330	

注：C15 及其以下强度等级的混凝土不受本表最小胶凝材料用量限制。

表 2-6　　　　　钢筋混凝土中矿物掺合料最大掺量

矿物掺合料种类	水胶比	最大掺量（%）			
		采用硅酸盐水泥时		采用普通硅酸盐水泥时	
		钢筋混凝土	预应力混凝土	钢筋混凝土	预应力混凝土
粉煤灰	≤0.40	45	35	35	30
	>0.40	40	25	30	20
粒化高炉矿渣粉	≤0.40	65	55	55	45
	>0.40	55	45	45	35
钢渣粉	—	30	20	20	10
磷渣粉	—	30	20	20	10
硅灰	—	10	10	10	10
复合掺合料	≤0.40	65	55	55	45
	>0.40	55	45	45	35

注：1. 采用其他通用硅酸盐水泥时，宜将水泥混合材掺量 20% 以上的混合材量计入矿物掺合料。

2. 复合掺合料各组分的掺量不宜超过单掺时的最大掺量。

3. 在混合使用两种或两种以上矿物掺合料时，矿物掺合料总掺量应符合表中复合掺合料的规定。

4. 对基础大体积混凝土，粉煤灰、粒化高炉矿渣粉和复合掺合料的最大掺量可增加 5%。

5. 采用掺量大于 30% 的 C 类粉煤灰的混凝土应以实际使用的水泥和粉煤灰掺量进行安定性检验。

表 2-7　　　　　粉煤灰影响系数和粒化高炉矿渣粉影响系数

	粉煤灰影响系数 γ_f	粒化高炉矿渣粉影响系数 γ_s
0	1.00	1.00
10	0.85～0.95	1.00
20	0.75～0.85	0.95～1.00
30	0.65～0.75	0.90～1.00
40	0.55～0.65	0.80～0.90
50	—	0.70～0.85

注：1. 采用Ⅰ级、Ⅱ级粉煤灰宜取上限值。

　　2. 采用 S75 级粒化高炉矿渣粉宜取下限值，采用 S95 级粒化高炉矿渣粉宜取上限值，采用 S105 粒化高炉矿渣粉可取上限值加 0.05。

　　3. 当超出表中的掺量时，粉煤灰和粒化高炉矿渣粉影响系数应经试验确定。

表 2-8　　　　　　　　混凝土砂率选用表

水胶比（W/B）	卵石最大粒径/mm			碎石最大粒径/mm		
	10	20	40	16	20	40
0.40	26～32	25～31	24～30	30～35	29～34	27～32
0.50	30～35	29～34	28～33	33～38	32～37	30～35
0.60	33～38	32～37	31～36	36～41	35～40	33～38
0.70	36～41	35～40	34～39	39～44	38～43	36～41

注：1. 本表数值系中砂的选用砂率，对细砂或粗砂，可相应地减小或增大砂率。

　　2. 采用人工砂配制混凝土时，砂率可适当增大。

　　3. 只用一个单粒级粗骨料配制混凝土时，砂率应适当增大。

　　4. 本表适用于坍落度 10～60mm 的混凝土。对于坍落度大于 60mm 的混凝土，应在上表的基础上，按坍落度每增大 20mm，砂率增大 1% 的幅度予以调整。坍落度小于 10mm 的混凝土，其砂率应经试验确定。

2.4.2　混凝土配合比调整

按表 2-3 计算的混凝土初步配合比，还不能用于工程施工，须采用工程中实际使用的材料进行试配，经调整和易性和检验强度后方可用于施工。

1. 和易性调整——确定基准配合比

（1）按初步配合比试配，测定混凝土拌和物的和易性，若不符合设计要求，应进行调整。

根据《普通混凝土配合比设计规程》（JGJ 55—2011）规定，当粗骨料最大公称粒径小于或等于 31.5mm 和等于 40mm 时，试配时最小搅拌量分别为 20L 和 25L。

混凝土拌和物的和易性调整的方法如下：

　　实测坍落度小于设计要求时，保持水胶比不变，增加胶凝材料浆体，每增大 10mm 坍落度，约需增加胶凝材料浆体 5%～8%；实测坍落度大于设计要求时，保持砂率不变，增加骨料，每减少 10mm 坍落度，约增加骨料 5%～10%；黏聚性、保水性不良时，单独加砂，即增大砂率。

　　（2）测定和易性满足设计要求的混凝土拌和物的体积密度 $\rho_{0c实测}$。

　　（3）计算混凝土基准配合比（结果为 1m³ 混凝土各材料用量，kg）。

$$C_{基} = \frac{C_{拌}}{C_{拌} + F_{拌} + S_{拌} + G_{拌} + W_{拌}} \times \rho_{0c实测} \qquad (2-3)$$

$$F_{基} = \frac{F_{拌}}{C_{拌} + F_{拌} + S_{拌} + G_{拌} + W_{拌}} \times \rho_{0c实测} \qquad (2-4)$$

$$S_{基} = \frac{S_{拌}}{C_{拌} + F_{拌} + S_{拌} + G_{拌} + W_{拌}} \times \rho_{0c实测} \qquad (2-5)$$

$$G_{基} = \frac{G_{拌}}{C_{拌} + F_{拌} + S_{拌} + G_{拌} + W_{拌}} \times \rho_{0c实测} \qquad (2-6)$$

$$W_{基} = \frac{W_{拌}}{C_{拌} + F_{拌} + S_{拌} + G_{拌} + W_{拌}} \times \rho_{0c实测} \qquad (2-7)$$

式中　$C_{拌}$、$F_{拌}$、$S_{拌}$、$G_{拌}$、$W_{拌}$——试拌的混凝土拌和物和易性合格后，水泥、矿物掺合料、砂子、石子和水的实际拌和用量；

$\quad\quad\quad$ $C_{基}$、$F_{基}$、$S_{基}$、$G_{基}$、$W_{基}$——混凝土基准配合比中，水泥、矿物掺合料、砂子、石子和水的用量。

　　2. 强度复核——确定实验室配合比

　　基准配合比能否满足强度要求尚未知，须进行强度检验，按下列方法进行调整。

　　（1）调整水胶比。检验强度时至少用三个不同的配合比，其中一个是基准配合比，另外两个配合比的水胶比较基准配合比分别增加和减少 0.05，用水量与基准配合比相同，砂率可分别增加或减少 1%。

　　测定每个配合比的和易性及体积密度，并以此结果代表这一配合比的混凝土拌和物的性能，每个配合比按标准方法至少应制作 1 组试件，标准养护至 28d 或设计规定龄期时试压。

　　注：每个配合比也可同时制作两组试块，其中 1 组供快速检验或较早龄期时试压，以便提前定出混凝土配合比，供施工使用，另 1 组标准养护 28d 试压。

　　（2）确定达到配制强度时各材料的用量。根据混凝土强度试验结果，绘制强度和胶水比线性关系图或插值法确定略大于配制强度对应的胶水比。最后按下列原则确定 1m³ 混凝土各材料用量。

　　用水量（W_q）——在基准配合比的基础上，用水量和外加剂用量应根据确定的水胶比作调整。

胶凝材料用量（B_q）——用 W_q 乘以选定的胶水比计算确定。

矿物掺合料用量（F_q）——用 B_q 乘以掺合料掺量（%）计算确定。

水泥用量（C_q）——用 $B_q - F_q$ 计算确定。

砂、石用量（S_q、G_q）——应根据用水量和胶凝材料用量进行调整。

(3) 确定实验室配合比。上述配合比还应进行混凝土体积密度校正。根据其混凝土拌和物的实测体积密度 $\rho_{0c实测}$ 和计算体积密度 $\rho_{0c计算}$，计算校正系数（δ）。$\rho_{0c计算}$ 和 δ 计算方法如下：

$$\rho_{0c计算} = C_q + F_q + S_q + G_q + W_q \qquad (2-8)$$

$$\delta = \frac{\rho_{0c实测}}{\rho_{0c计算}} \qquad (2-9)$$

当混凝土拌和物体积密度实测值与计算值之差的绝对值不超过计算值的 2%时，其调整的配合比可维持不变；当二者之差超过 2%时，应将配合比中每项材料用量均乘以校正系数 δ。

2.4.3 确定混凝土施工配合比

上述混凝土实验室配合比是以干燥材料为基准计算得到的，而施工工地的砂石一般含有一定的水分，且含水率经常变化。为保证混凝土质量，应根据施工现场的骨料含水率对配合比进行修正，换算为施工配合比。否则将使混凝土实际用水量增大、骨料用量减少，从而导致混凝土的水胶比增大，引起混凝土强度、体积稳定性和耐久性等一系列技术性能降低。设工地砂子含水率为 a%，石子含水率为 b%，则施工配合比如下：

$$C_施 = C_实 \qquad (2-10)$$

$$F_施 = F_实 \qquad (2-11)$$

$$S_施 = S_实(1 + a\%) \qquad (2-12)$$

$$G_施 = G_实(1 + b\%) \qquad (2-13)$$

$$W_施 = W_实 - S_实 \times a\% - G_实 \times b\% \qquad (2-14)$$

式中 $C_施$、$F_施$、$S_施$、$G_施$、$W_施$——混凝土施工配合比中，水泥、矿物掺合料、
砂子、石子和水的用量。

骨料的含水状态有干燥状态、气干状态、饱和面干状态和湿润状态四种情况，如图 2-1 所示。干燥状态指骨料含水率等于或接近于零时的含水状态；气干状态指骨料在空气中风干，含水率与大气湿度相平衡时的含水状态；饱和面干状态指骨料表面干燥而内部孔隙含水达饱和时的含水状态；湿润状态指不仅骨料内部孔隙充满水，而且表面还附有一层表面水时的含水状态。

饱和面干骨料既不从混凝土中吸取水分，也不向混凝土拌和物中释放水分，在

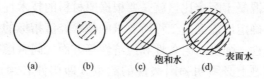

图 2-1　骨料的含水状态

（a）干燥状态；（b）气干状态；（c）饱和面干状态；（d）湿润状态

配合比设计时，如果以饱和面干骨料为基准，则不会影响混凝土的用水量和骨料用量，因此一些大型水利工程、道路工程常以饱和面干骨料为基准。因坚固骨料的饱和面干吸水率一般在 1% 以下，因而在建筑工程中混凝土配合比设计时，以干燥状态骨料为基准，这种方法使混凝土实际水胶比有所降低，有利于保证混凝土的强度。

细骨料的自然堆积体积会随含水率的变化而增大或缩小。气干状态的砂随着其含水率的增大，砂子颗粒表面吸附了一层水膜，水膜推挤砂粒分开而引起砂子的自然堆积体积增大，产生所谓的"容胀"现象（粗骨料因颗粒较大，不存在容胀现象）。当含水率达到 5%～7% 时，砂子的自然堆积体积增至最大，膨胀率达25%～30%。如果含水率继续增大，砂子的自然堆积体积将不断减小。含水率达到 20% 左右时，湿砂体积与干砂体积相近，当砂子处于含水饱和状态，湿砂体积比干砂体积减小 10% 左右。因此，在混凝土施工时，砂子的计量应采用质量法，不能用体积法，以免引起混凝土用砂量的不足[2-5]。

2.5　混凝土配合比设计实践过程中若干问题的探讨

在混凝土配合比设计实践过程中，正确处理设计原则之间的关系、合理选择设计参数，根据现行设计规程采用拌和物表观密度法或者体积法均可求出初步配合比，经过试配调整后得到实验室配合比，再按照现场砂石含水率转换成为施工配合比。在完成配合比设计的过程中，设计规程和相关规范始终发挥着控制和指导作用，尤其在计算的量值超越规程界限值时，直接按规程限制取值就成为唯一的选择，这种处理模式正是工程技术人员从事技术设计工作时必须遵循的根本原则，并结合具体工程实例进行了分析和探讨。

配制混凝土时正确地确定各项材料用量比例是实践应用过程中最重要的关键环节之一，其涉及的各项原材料均有相应的标准或者规范要求，设计计算过程有规程控制，还有相当数量的经验公式和表格用来确定设计参数，因而试配调整就成为不可缺少的环节。下面结合配制实践过程中常遇到的几个问题进行探讨。

2.5.1　确定混凝土配制比例时应遵循的的根本原则

混凝土配合比设计在很大程度上决定了混凝土的性能：强度、工作性、耐久性和经济性。设计混凝土配合比，就是要根据原材料的技术性能及施工条件，合理选择原材料，并确定出能满足工程所要求的技术经济指标的各项组成材料的用量。在混凝土工作性、强度、耐久性和经济性等方面之间考虑得到一个合理的平衡，在设计原则问题上必须明确耐久性的约束（即构件必须适应环境）是刚性的，不可调整的。强度具有可调性，是以设计强度等级为依据，考虑保证率和施工质量稳定性而确定的，和易性是和施工单位的人员设备条件以及施工时的气温湿度、构件尺寸、形状、配筋情况等因素确定的，经济原则是以实现工程性能各项指标要求为前提条件的，在满足前述三项原则基础上，追求经济效益最大化是无可非议的。

2.5.2　混凝土配合比设计三个参数的确定及保罗米强度公式回归系数的选择

普通混凝土五种（或四种）主要组成材料的相对比例，通常由三个参数来控制[2-6]。而强度公式中的回归系数应根据试验结果回归分析确定更为合乎工程实际的要求。

1. 水胶比

水胶比是混凝土配合比设计中重要的参数，混凝土的强度在很大程度上取决于水胶比。为了保证混凝土强度，应在满足混凝土和易性的前提下尽量降低水胶比。水胶比过高，混凝土水化后多余的游离水挥发会导致混凝土出现强度不足、耐久性下降等现象，进而产生工程质量问题。水胶比依据改进后的保罗米公式（强度公式）计算而得，若所得水胶比不大于耐久性规定的最大值就采用计算值，若大于，就采用规定的最大值。实际上就是在保罗米公式计算值和耐久性规定的最大值二者之间取小值，确保耐久性和强度同时满足要求。

2. 砂率

砂子占砂石总质量的百分率称为砂率。砂率对混合料的和易性影响较大，若选择不恰当，还会对混凝土强度和耐久性产生影响。砂率的选用应该合理，在保证和易性要求的条件下，宜取较小值，以利于节约水泥。采用合理砂率既可以获取较高的和易性，也可以获取节约水泥等胶凝材料的经济效果，可以视工程实际选择追求哪种效果，一般选择后者。

3. 用水量

用水量是指每立方米混凝土拌和物中水的用量（kg/m³）。在水胶比确定后，混凝土中单位体积用水量也表示水泥胶浆与骨料之间的比例关系。为节约水泥和改善耐久性，在满足流动性条件下，应尽可能地取较小的单位用水量。单位用水量的多少直接决定了流动性的高低，而调整胶凝材料用量满足耐久性和强度的要求，从而实现了同一和易性（取决于用水量）、不同耐久性、不同强度等级（胶凝材料用量）的设计理念，为混凝土的多等级（各种环境）广泛应用提供了理论支持。

　　4. 保罗米强度公式回归系数

　　大量试验结果表明，在原材料一定的情况下，混凝土的强度与胶凝材料强度及胶水比之间的关系符合下列线性经验公式（2-15）（又称保罗米公式）：

$$f_{cu,0} = \alpha_a f_b \left(\frac{B}{W} - \alpha_b \right) \quad\quad (2-15)$$

式中　$f_{cu,0}$——混凝土 28d 抗压强度，MPa；

　　　　B——每立方米混凝土中胶凝材料用量，kg；

　　　　W——每立方米混凝土中用水量，kg；

　　α_a、α_b——回归系数，与骨料品种、水泥品种有关，《普通混凝土配合比设计规程》（JGJ 55—2011）提供的数据如下：

采用碎石：$\alpha_a = 0.53$，$\alpha_b = 0.20$；

采用卵石：$\alpha_a = 0.49$，$\alpha_b = 0.13$。

　　在实际工程中回归系数的选择影响很大，各地骨料品种、水泥品种差异较大，如果工程规模较大或者混凝土用量较多，就应该通过制作试块、测试强度以统计回归分析的方法确定本工程配比计算时采用的回归系数值。回归系数的变化对胶凝材料的用量影响变化在 5%～12%，从理论上讲这是因地制宜、理论联系实际的需要，从工程实践方面看，这个选择是在强度保证的前提下，依据经济原则尽可能节约胶凝材料用量，降低工程成本。

2.5.3　混凝土初步配合比的设计计算步骤

　　（1）混凝土配制强度的确定。以设计强度为基础，考虑施工单位生产稳定性或者以往类似工程数据统计数据、工程重要性（选择保证率系数）综合确定。

　　运用保罗米强度公式计算水胶比并用耐久性规范要求的数值作比较，两者相比取小值，可以同时满足强度和耐久性的双重要求。

　　（2）根据固定用水量法则，查表确定每立方米混凝土用水量，用以满足工作性的要求。

　　（3）胶凝材料用量的确定。以用水量除以水胶比就可以得到胶凝材料用量，然后以掺料比例计算出水泥和掺合料各自的用量，此处应注意用耐久性规范复核胶凝材料用量的最小值限制，若计算值小于规定的最小值，就应采用规范规定的最小值；若计算值大于规定的最小值，就应采用计算值，实际上就是两者相比取大值。从设计原则上讲就是同时满足设计强度要求和工程环境耐久性要求。

　　（4）运用合理砂率原则。查表确定砂率数值建立砂石料二者用量之间的第一关系方程式。

（5）实际设计过程中既可以用体积法（每立方米混凝土中各项材料的用量所折合的体积加上含气量之和等于 1m³）建立水、水泥、掺合料、砂、石料用量之间的第二关系方程式，也可以用假定表观密度法（每立方米混凝土拌和料的质量等于各项材料用量质量之和，空气质量忽略不计）建立上述各项材料用量之间的第二关系方程式。无论采用哪种方法，只要有两个关系方程式就可以求解出砂石材料各自的用量，完成初步配合比的设计计算工作。

这两种方法计算的结果有差异，均可采用，并无误差高低之区别，这也正是配合比结果具有多样性，不唯一的体现，即我们常讲的殊途同归。

2.5.4　配合比的调整

1. 和易性调整——确定基准配合比

一般水胶比调整幅度 0.5%，砂率调幅 1%，调增与调减对冲，总调幅不超过 2%。

2. 强度复核——确定实验室配合比

（1）调整水胶比。制作 3 组水胶比相差 0.05 的试件，测得 28d 龄期强度，找出符合配制强度要求的水胶比及其相应配合比，其实质是要找出胶凝材料用量最少且满足要求的配合比。

（2）确定实验室配合比。将符合强度要求的配合比各项材料用量求和即为理论表观密度值，然后现场实测表观密度即为实测表观密度值，二者比较，当二者之差的绝对值不超过计算值的 2% 时，以计算值作为设计结果；超过 2% 时，以实测值与计算值的比值作为修正系数，对计算值进行修正（统一放大或者缩小其用量）[2-7]。

2.5.5　配合比的现场转换

转换公式的核心是砂石含水率的影响问题，特别需要指出的是：胶凝材料的用量由于其储存条件的严格与统一，不需要转换（保持不变）；砂石材料的用量由于现场含有水分而增加；现场用水量由于砂石含水而减少，水分的增加与减少之间是平衡的，实际上也就意味着施工现场拌和物的表观密度与实验室拌和物的表观密度保持一致（数值相等）。

2.6　混凝土配合比设计实例

【例】　某工程结构采用 T 形梁，最小截面尺寸为 100mm，钢筋最小净距为 40mm。要求混凝土的设计强度等级为 C30，采用机械搅拌机械振捣，坍落度为 35～50mm，采用的材料规格如下：

水泥：普通水泥，强度等级为 42.5，实测 28d 胶砂抗压强度为 47.9MPa，密度为 3.10g/cm³。

矿物掺合料：S95 粒化高炉矿渣粉，密度为 2.85g/cm³。

砂子：河中砂，级配合格，表观密度为 2630kg/m³。

石子：碎石，粒径为 5～20mm，级配合格，表观密度为 2710kg/m³。

水：自来水。

试确定该混凝土的配合比。

解：依题意知，应首先判断原材料是否符合要求。用 42.5 级水泥配制 C30 混凝土是合适的。根据规定，混凝土粗骨料的最大粒径不得超过截面最小尺寸的 1/4，同时不得大于钢筋最小净距的 3/4，以此为依据进行判断：

100mm×1/4＝25mm＞20mm

40mm×3/4＝30mm＞20mm

因此，选用粒径 5～20mm 的碎石符合要求。

1. 计算初步配合比

(1) 确定混凝土配制强度（$f_{cu,0}$）。题中无混凝土强度历史资料，因此按表 2 - 35 选取，$\sigma=5.0$MPa。根据 JGJ 55—2011 规定，取 $P(\%)=95\%$，相应的 t 值为 1.645。

$$f_{cu,0} = f_{cu,k} + t\sigma = 30 + 1.645 \times 5.0 = 38.23(\text{MPa})$$

(2) 确定水胶比（W/B）。

1) 确定胶凝材料 28d 胶砂抗压强度值（f_b）。水泥 28d 胶砂抗压强度值 $f_{ce}=$ 47.9MPa。对于 C30 混凝土，其水胶比大于 0.40，水胶比大于 0.40 时，用普通水泥配制的钢筋混凝土，其粒化高炉矿渣粉最大掺量为 45%。查表 2 - 7，确定 S95 粒化高炉矿渣粉掺量为 30%，影响系数 γ_s 取 1.00。那么，胶凝材料 28d 胶砂抗压强度值 f_b 如下：

$$f_b = \gamma_s f_{ce} = 1.00 \times 47.9 = 47.9(\text{MPa})$$

2) 计算水胶比（W/B）

$$W/B = \frac{\alpha_a f_b}{f_{cu,0} + \alpha_a \alpha_b f_b} = \frac{0.53 \times 47.9}{38.23 + 0.53 \times 0.20 \times 47.9} = 0.59$$

T 形梁处于干燥环境，查表 2 - 1 知，最大水胶比为 0.60，因此水胶比 0.59 符合耐久性要求。

(3) 确定单位用水量（W_0）。根据结构构件截面尺寸的大小、配筋的疏密和施工捣实的方法来确定，混凝土拌和物的坍落度取 35～50mm。

查表 2 - 2，对于最大粒径为 20mm 的碎石配制的混凝土，当所需坍落度为 35～50mm 时，1m³ 混凝土的用水量选用 $W_0=195$kg。

(4) 计算胶凝材料用量（B_0）

$$B_0 = \frac{W_0}{W/B} = \frac{195}{0.59} = 331(\mathrm{kg})$$

查表 2-3，最大水胶比为 0.60 时对应的钢筋混凝土最小胶凝材料用量为 280kg，因此 $B_0 = 331$kg 符合耐久性要求。

（5）计算粒化高炉矿渣粉用量（F_0）。粒化高炉矿渣粉掺量 β_f 为 30%，则

$$F_0 = B_0\beta_f = 331 \times 30\% = 99(\mathrm{kg})$$

（6）计算水泥用量（C_0）。

$$C_0 = B_0 - F_0 = 331 - 99 = 232(\mathrm{kg})$$

（7）确定砂率（S_p）。查表 2-7，对于最大粒径为 20mm 碎石配制的混凝土，当水胶比为 0.59 时，其砂率值可选取 $S_p = 36\%$。

线性内插法：查表 2-7，当水胶比为 0.50 时，砂率宜为 32%～37%，取中值 34.5%；

水胶比为 0.60 时，砂率宜为 35%～40%，取中值 37.5%。按线性内插法当水胶比为 0.59 时，砂率应为：

$S_p = 34.5 + 0.9(37.5 - 34.5) = 37.2$（%），取 37%。

（8）计算砂、石用量（S_0、G_0）。

1）体积法。

$$\begin{cases} \dfrac{232}{3.10} + \dfrac{99}{2.85} + \dfrac{S_0}{2.63} + \dfrac{G_0}{2.71} + \dfrac{195}{1.00} + 10 \times 1 = 1000 \\[2mm] \dfrac{S_0}{S_0 + G_0} \times 100\% = 36\% \end{cases}$$

解此联立方程得，$S_0 = 661$kg，$G_0 = 1175$kg

2）质量法。

$$\begin{cases} 232 + 99 + S_0 + G_0 + 195 = 2400 \\[2mm] \dfrac{S_0}{S_0 + G_0} \times 100\% = 36\% \end{cases}$$

解此联立方程得，$S_0 = 675$kg，$G_0 = 1200$kg

由上面的计算可知，用体积法和质量法计算，结果有一定的差别，这种差别在工程上是允许的。在配合比计算时，可任选一种方法进行设计，无须同时用两种方法计算。用质量法设计时，计算快捷简便，但结果欠准确；用体积法设计时，计算略显复杂，但结果相对准确。

（9）列出混凝土初步配合比（用体积法的结果）。

1m³ 混凝土各材料用量为：

水泥 232kg，粒化高炉矿渣粉 99kg，砂子 661kg，碎石 1175kg，水 195kg。

质量比为：

水泥：矿渣粉：砂：石：水＝1：0.43：2.85：5.06：0.84，$W/B = 0.59$。

2. 确定基准配合比

按照初步配合比计算出 20L 混凝土拌和物所需材料的用量（用体积法的结果）。

水泥 $232 \times 0.020 = 4.64$（kg），矿渣粉 $99 \times 0.020 = 1.98$（kg），砂子 $661 \times 0.020 = 13.22$（kg）

石子 $1175 \times 0.020 = 23.50$（kg），水 $195 \times 0.020 = 3.90$（kg）

搅拌均匀后测定试拌混凝土拌和物的坍落度为 60mm，不满足设计要求（35～50mm），须进行调整。砂率保持不变，将砂子、石子各增加 5%，即砂子增加 0.66kg，石子 1.18kg。搅拌均匀后重测坍落度为 50mm，符合设计要求。然后测定混凝土拌和物表观密度为 2390kg/m³。

和易性合格后，水泥、矿渣粉、砂子、石子、水的拌和用量为 $C_{拌} = 4.64$kg，$F_{拌} = 1.98$kg，$S_{拌} = 13.88$kg，$G_{拌} = 24.68$kg，$W_{拌} = 3.90$kg。

基准配合比如下（结果为 1m³ 混凝土各材料用量）：

$$水泥\ C_{基} = \frac{C_{拌}}{C_{拌} + F_{拌} + S_{拌} + G_{拌} + W_{拌}} \times \rho_{0c实测}$$

$$= \frac{4.64}{4.64 + 1.98 + 13.88 + 24.68 + 3.90} \times 2390 = \frac{2390}{49.08} \times 4.64$$

$$= 48.70 \times 4.64 = 226（kg）$$

$$矿渣粉\ F_{基} = 48.70 \times 1.98 = 96（kg）$$

$$砂子\ S_{基} = 48.70 \times 13.88 = 676（kg）$$

$$石子\ G_{基} = 48.70 \times 24.68 = 1202（kg）$$

$$水\ W_{基} = 48.70 \times 3.90 = 190（kg）$$

该混凝土的基准配合比为 1∶0.42∶2.99∶5.32∶0.84，$W/B = 0.59$。

3. 确定实验室配合比

配制 3 个不同的配合比，其中一个是基准配合比，另外两个配合比的水胶比较基准配合比分别增加和减少 0.05，水与基准配合比相同。考虑到基准配合比拌和物的和易性良好，因此不调整砂率，砂子和石子的用量均采用基准配合比用量。测定每个配合比拌和物的坍落度和实测表观密度 $\rho_{0c实测}$。之后将每个配合比制作 1 组标准试件，试件经标准养护 28d，测定抗压强度 f_{cu}。表 2-9 是三个配合比的相关数据。

表 2-9　　　　　　　　确定实验室配合比的相关数据

配合比	水胶比	胶水比	材料用量/(kg/m³)					坍落度 /mm	$\rho_{0c实测}$ / (kg/m³)	f_{cu} /MPa
			水泥	矿渣粉	砂子	石子	水			
1	0.59	1.69	226	96	676	1202	190	50	2390	37.3
2	0.54	1.85	246	106	676	1202	190	45	2405	40.6
3	0.64	1.56	208	89	676	1202	190	55	2380	32.4

由表 2-9 的三组数据，绘制 f_{cu}——（B/W）关系曲线，如图 2-2 所示。从图中可找出与配制强度 38.23MPa 相对应的胶水比为 1.75（水胶比为 0.57）。也可以用表 2-7 的三组数据进行线性回归，得回归方程 $f_{cu}=-10.8+28.0B/W$（相关系数 0.985），将配制强度值 38.23MPa 代入该方程，计算出其对应的胶水比 1.75。

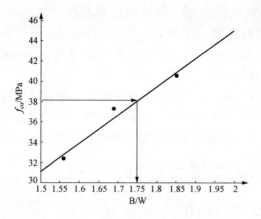

图 2-2　f_{cu}——（B/W）关系曲线

符合强度要求的配合比为：

水 $W_q=190kg$，胶凝材料 $B_q=1.75\times190=333$（kg），矿渣粉 $F_q=100kg$，水泥 $C_q=233kg$，砂子 $S_q=676kg$，石子 $G_q=1202kg$

测定该配合比混凝土拌和物的表观密度 $\rho_{0c实测}$ 为 2390kg/m³，其计算表观密度 $\rho_{0c计算}=190+233+100+676+1202=2401$（kg/m³）。因此表观密度校正系数 $\delta=2390/2401=0.995$。

所以实验室配合比为：

水泥 $C_实=233\times0.995=232$（kg），矿渣粉 $F_实=100\times0.995=100$（kg），砂子 $S_实=676\times0.995=673$（kg）

石子 $G_实=1202\times0.995=1196$（kg），水 $W_实=190\times0.995=189$（kg）

4. 计算施工配合比

若施工现场砂子含水率为 3%，石子含水率为 1%，则施工配合比为：

水泥 $C_施=232kg$，矿渣粉 $F_施=100kg$，砂子 $S_施=673\times(1+3\%)=693$（kg）

石子 $G_施=1196\times(1+1\%)=1208$（kg），水 $W_施=189-673\times3\%-1196\times1\%=157$（kg）

2.7　小　　结

混凝土配合比设计必须满足设计的四项基本要求，合理计算或者采用规程所给的参数进行初步配合比的设计工作，无论采用哪种方法计算所得的配比都必须经过试配、调整、强度测试验证，而采用经过本地材料试验而得到的回归系数用于设计配比更具有实际应用价值，可以使我们在满足各方面性能要求的前提下实现降低工程造价的目标。在实际工程运用中，砂石含水率经常地变化，就需要不断地调整配合比；而在商混站的配比设计工作中，每个班组生产时的投料比例问题或者为完成某一项目浇筑任务而进行的备料问题都是和配合比设计实践关系密切的问题，其核心就是对现有设计配比用量的缩小或者放大若干倍比问题，万变不离其宗，我们这里探讨的就是其宗，解决了"宗"的问题，在实际工作中就可以做到运用自如，得心应手。

参 考 文 献

[2-1] 毋少娜. 普通混凝土的配合比设计 [J]. 建筑技术开发，2016（07）：53-56.

[2-2] 杜红伟. 混凝土配合比设计实践中若干问题的探讨 [J]. 南阳理工学院学报，2017（07）.44-46.

[2-3] 吴育德，唐淑健. 水泥混凝土的施工质量控制及抗压强度评定 [J]. 黑龙江交通科技，2005（04）.33-35.

[2-4] 王继宗，梁晓颖，梁宾桥. 混凝土配合比设计方法的研究进展 [J]. 河北建筑科技学院学报，2003（02）.28-32.

[2-5] 傅沛兴. 现代混凝土特点与配合比设计方法 [J]. 建筑材料学报，2010（06）.74-77.

[2-6] 鄢朝勇，许孝春，杜红伟. 土木工程材料 [M]. 北京：中国建筑工业出版社，2014.

[2-7] 刘志勇. 土木工程材料 [M]. 成都：西南交通大学出版社，2016.

第 3 章

混凝土的耐久性

3.1 概　　述

混凝土的耐久性是指混凝土抵抗环境介质的长期作用，保持正常使用性能和外观完整性的能力。混凝土的耐久性是一个综合性概念，它包括抗渗性、抗冻性、抗侵蚀性、抗碳化性、抗碱－骨料反应以及抗氯离子渗透性等性能。提高混凝土的耐久性，对于延长结构寿命，减少修复和重建的费用，节约资源、保护环境都具有非常重要的意义[3-1]。影响混凝土耐久性的因素包括内外两方面。所谓外部原因是指混凝土所处环境的物理、化学因素的作用，如风化、冻融、化学腐蚀、磨损等。内部原因是材料组织间的相互作用，如碱-骨料反应、本身的体积变化、吸水性及渗透性等。事实上，混凝土在长期使用过程中同时存在着两个过程，一方面由于混凝土水泥石中残存水泥水化作用的进行使其强度逐渐增长，而另一方面由于内部或外部的破坏作用使得强度下降，二者综合作用的结果决定了混凝土耐久性的大小[3-2]。

近些年出现的问题和形势的发展，使人们认识到混凝土材料的耐久性应受到高度重视。据美国土木工程师学会（ASCE）2003 年年底公布的调查结果，美国国家级桥梁 27.5％以上老化而不能满足功能要求，估计在 20 年内，每年要投入94 亿美元进行桥梁治理。美国国家级道路已处于不良状态，其中 1/3 以上老化。全美有 2600 座水坝（占 23％）也处于不安全状态。据美国 ASCE 估计，在未来五年内，联邦政府需投入 16 000 亿美元改善基础设施的安全不良状态，以适应21 世纪的发展。2001 年美国 ASCE 也有一个调查，当时要求的是 13 000 亿美元，两年以后这个数字又上升了 23％。美国的大规模建设是在第二次世界大战结束以后，50 年后基础设施的耐久性问题已如此严重。我国最早建成的北京西直门立交桥由于冻融循环和除冰盐腐蚀，破损严重，使用不到 19 年就被迫拆除。山东潍坊白浪河大桥按交通部公路桥梁通用标准图建造，因位于盐渍地区，受盐冻侵蚀仅使用 8 年就成危桥，现已部分拆除并加固重建。港口、码头、闸门等工程因处于海洋环境，腐蚀情况更为严重。尤其 1990 年以后，大量建筑出现早期开裂，损失严重。另外，随着经济的发展、社会的进步，各类投资巨大、施工期长的大型工程日益增多，如大跨度桥梁、超高层建筑、大型水工结构物等，对结构耐久性的要求日益提高，希望混凝土构筑物能够有数百年的使用寿命，历久弥坚。同时，由于人类开发领域的不断扩大，地下、海洋、高空环境建筑越来越多，结构物使用的环境可能很苛刻，客观上要求混凝土有优异的耐久性。

3.1.1　混凝土的抗渗性

1. 抗渗性定义与测试方法

混凝土材料抵抗压力水渗透的能力称为抗渗性，它是决定混凝土耐久性最基本的因素。钢筋锈蚀、冻融循环、硫酸盐侵蚀和碱骨料反映这些导致混凝土品质劣化的原因中，水能够渗透到混凝土内部都是破坏的前提，也就是说水或者直接导致膨胀和开裂，或者作为侵蚀性介质扩散进入混凝土内部的载体。可见渗透性对于混凝土耐久性的重要意义。

混凝土内部的渗水通道，主要是由水泥石中或水泥石与砂石骨料接触面上各种各样的缝隙和毛细管连通起来所形成的。例如，混凝土中多余水分在蒸发后留下的孔道，混凝土拌和物泌水时在粗骨料颗粒和钢筋下缘形成的水囊或水膜，或者是由内部到表面所留下的泌水通道等等。所有这些孔道、缝隙和水囊，在压力水的作用下，就形成连通的水通道。此外，因捣固不密实和施工缝隙处理不好，也很容易形成渗水孔道或缝隙。

混凝土的抗渗性用抗渗等级表示，共有 P4、P6、P8、P10、P12 五个等级。混凝土的抗渗试验采用 185mm×175mm×150mm 的圆台形试件，每组 6 个试件。按照标准实验方法成形并养护至 28～60d 龄期内进行抗渗性试验。试验时将圆台性试件周围密封并装入模具，从圆台试件底部施加水压力，初始压力为 0.1MPa，每隔 8h 增加 0.1MPa，以 6 个试件中有 4 个试件未出现渗水时的最大水压力表示。《普通混凝土配合比设计规程》（JGJ 55—2011）中规定，具有抗渗要求的混凝土，试验要求的抗渗水压值应比设计值高 0.2MPa，试验结果应符合下式要求：

$$P_t \geqslant \frac{P}{10} + 0.2 \tag{3-1}$$

式中　P_t——6 个试件中 4 个未出现渗水的最大水压值，MPa；

　　　　P——设计要求的抗渗等级值。

溶液中的离子在混凝土孔隙中的渗透扩散是引起混凝土中水泥石化学腐蚀和结晶膨胀破坏的外因，其中 Cl^- 的渗透扩散到混凝土中钢筋表面达到一定浓度后将导致钢筋表面的钝化保护膜破坏，引起钢筋锈蚀。这不仅降低了钢筋与混凝土之间的握裹力，而且由于锈蚀产生的膨胀应力导致混凝土开裂。因此研究溶液中离子的渗透扩散对于提高混凝土耐久性具有重要意义。国内外已有标准方法测定Cl^-扩散。由于高性能混凝土密实度很高，几乎不透水，用常规水压法来评定其抗渗性已失去意义，人们大都采用Cl^-渗透来评定其抗渗性[3-3]。

2. 提高抗渗性的途径

影响混凝土抗渗性的根本因素是孔隙率和孔隙特征，混凝土孔隙率越低，连通孔越少，抗渗性越好。所以，提高混凝土抗渗性的主要措施是降低水胶比、选择好的骨料级配、充分振捣和养护、掺用引气剂和优质粉煤灰掺合料等方法来实现。试验表明，当$W/B > 0.55$时，抗渗性很差，$W/B < 0.50$时，则抗渗性较好；掺用引气剂的抗渗混凝土，其含气量宜控制在$3\% \sim 5\%$，引气剂的引入让微小气泡切断了许多毛细孔的通道，含气量超过6%时，会引起混凝土强度急剧下降；胶凝材料体系中掺用30%粉煤灰会有效减少混凝土的吸水性，主要原因是优质粉煤灰能发挥其形态效应、微骨料效应和活性效应，提高了混凝土的密实度，细化了孔隙。

3.1.2 混凝土的抗冻性

1. 抗冻性定义与冻融破坏机理

混凝土的抗冻性是指混凝土在水饱和状态下经受多次冻融循环作用，能保持强度和外观完整性的能力。我国寒冷地区和严寒地区，公路铁路桥涵中的混凝土遭受冻害是相当严重的。例如，东北日伪时期修建的某大桥，钢筋混凝土沉井上部和墩身都已发生严重的冻害破坏现象。在冬季枯水位变化区1.8m的范围内，有一个剥落带，剥落深度达0.1~0.4m，以致钢筋完全暴露出来。但东北地区同期修建的大桥，也有至今尚未发现冻害的。这说明混凝土的耐冻性是一个关系到建筑结构物使用寿命的重大问题。如果重视选材和施工质量，也就能够保证混凝土结构物经久耐用。

混凝土是多孔材料，若内部含有水分，则因为水在负温下结冰，体积膨胀约9%，然而，此时水泥浆体及骨料在低温下收缩，以致水分接触位置将膨胀，而溶解时体积又将收缩，在这种冻融循环的作用下，混凝土结构受到结冰体积膨胀造成的静水压力和因冰水蒸汽压的差异推动未冻结水向冻结区迁移所造成的渗透压力，当这两种压力所产生的内应力超过混凝土的抗拉强度，混凝土就会产生裂缝，多次冻融循环使裂缝不断扩展直到破坏。混凝土的密实度、孔隙构造和数量，以及孔隙的充水程度是决定抗冻性的重要因素。密实的混凝土和具有封闭孔隙的混凝土抗冻性较高。

2. 抗冻性的表征

检测混凝土抗冻性的方法主要有慢冻法和快冻法，分别用抗冻标号和抗冻等级表示。

慢冻法是用标准养护 28d 龄期的 100mm×100mm×100mm 立方体试件，浸水饱和后在 −20～−18℃下冻结 4h，在 18～20℃的水中融化 4h，最后以抗压强度下降不超过 25%、质量损失不超过 5%时混凝土所能承受的最大冻融循环次数来表示混凝土的抗冻标号。抗冻标号划分为 D50、D100、D150、D200、>D200 等。

快冻法是用标准养护 28d 龄期的 100mm×100mm×400mm 的棱柱体试件，浸水饱和后进行快速冻融循环，冷冻时试件中心最低温度控制 −20～−16℃内，融化时试件中心最低温度控制 3～7℃内，一个冻融循环约在 2～4h 内完成，最后以相对动弹性模量值不小于 60%、质量损失率不超过 5%时的最大循环次数表示混凝土的抗冻等级。抗冻等级划分为 F50、F100、F150、F200、F250、F300、F350、F400、>F400 等。

3. 提高混凝土抗冻性的措施

（1）降低混凝土水胶比，降低孔隙率。

（2）掺加引气剂，保持含气量在 4%～5%。

（3）提高混凝土强度，在相同含气量的情况下，混凝土强度越高，抗冻性越好。

3.1.3　抗碳化性

混凝土的碳化是指混凝土内水泥石中的氢氧化钙与空气中的二氧化碳在一定湿度的条件下发生化学反应，生成碳酸钙和水，也称中性化。碳化过程是二氧化碳由表及里向混凝土内部逐渐扩散的过程。碳化对混凝土的碱度、强度及收缩产生影响。

未经碳化的混凝土 pH=12～13，碳化后 pH=8.5～10，接近中性。中性化会使混凝土中的钢筋表层的在碱性介质中生成的 Fe_2O_3 及 Fe_3O_4 钝化膜因失去碱性而剥落破坏，引起钢筋锈蚀。

碳化生成的碳酸钙填充于水泥石的毛细孔中，使表层混凝土的密实度和抗压强度提高；又由于参与碳化反应的氢氧化钙是从较高应力区溶解，故而使混凝土表层产生碳化收缩，可能导致微细裂缝的产生，使混凝土的抗拉、抗折强度降低。

碳化的速率与空气中的 CO_2 浓度、相对湿度、混凝土的密实度及水泥品种和掺合料等密切相关。常置于水中的混凝土或处于干燥环境的混凝土，碳化会停止，这是由于当孔隙充满水时，CO_2 在浆体中的扩散极为缓慢；而处于干燥环境，孔隙中的水分不足以使 CO_2 形成碳酸。当相对湿度在 50%～75%时，碳化速度最快。

混凝土碳化程度常用碳化深度表示。检验混凝土碳化的简易方法是凿下一部分混凝土，除去表面微粉末，滴以酚酞酒精溶液，碳化部分不会变色，而碱性部分则呈红紫色。

3.1.4　混凝土的耐化学腐蚀性

当混凝土所处使用环境中有侵蚀性介质时，混凝土很可能遭受侵蚀，通常有软水侵蚀、硫酸盐侵蚀、镁盐侵蚀、碳酸侵蚀、一般酸侵蚀与强碱腐蚀等。随着混凝土在海洋、盐渍、高寒等环境中的大量使用，对混凝土的抗侵蚀性提出了更严格的要求。要提高混凝土的耐化学腐蚀性，关键在于选用耐蚀性好的水泥和提高混凝土内部的密实性或改善孔结构。从材料本身来说，混凝土的耐化学腐蚀性，主要取决于水泥石的耐蚀能力。

3.1.5　碱-骨料反应

1. 碱-骨料反应的定义与危害

碱-骨料反应是指混凝土中的碱性氧化物（Na_2O、K_2O）与具有碱活性的骨料之间发生反应，反应产物吸水膨胀或反应导致骨料膨胀，造成混凝土开裂破坏的现象。根据骨料中的活性成分的不同，碱-骨料反可分为三种类型：碱-氧化硅反应、碱-硅酸盐反应和碱-碳酸盐反应，其中碱-氧化硅反应是分布最广、研究最多的碱-骨料反应。该反应是指混凝土中的碱与骨料中的活性 SiO_2 反应，生成碱-硅酸凝胶，并吸水膨胀导致混凝土开裂破坏的现象。

多年来，碱-骨料反应已经使许多处于潮湿环境中的结构物受到破坏，包括桥梁、大坝、堤岸。1988 年以前，我国未发现有较大的碱-骨料破坏，这与我国长期使用掺混合材的中低强度等级水泥及混凝土等级低有关。但进入 20 世纪 90 年代后，由于混凝土等级越来越高，水泥用量大且含碱量高，开始导致碱-骨料破坏的发生。1999 年京广线主线，石家庄南铁路桥发生严重的碱-骨料反应，部分梁更换，部分梁维修加固；山东兖石线部分桥梁也因碱-骨料病害而出现网状开裂，维修代价高、效果差。

2. 碱-骨料反应破坏的特征

（1）开裂破坏一般发生在混凝土浇筑后两三年或者更长时间。

（2）常呈现顺筋开裂和网状龟裂。

（3）裂缝边缘出现凹凸不平现象。

（4）越潮湿的部位反应越强烈，膨胀和开裂破坏越明显。

（5）常有透明、淡黄色、褐色凝胶从裂缝处析出。

3. 发生碱-骨料反应的条件

必须同时具备下列三个必要条件：

（1）水泥中碱含量高，以等当量 Na_2O 计＞0.6％。

（2）骨料中有活性 SiO_2 成分。

（3）有水存在。

4. 碱 - 骨料病害的预防措施

混凝土中碱 - 骨料反应一旦发生，不易修复，损失大。预防措施如下：

（1）条件许可时选择非活性骨料。

（2）当不可能采用完全没有活性的骨料时，则应严格控制混凝土中总的碱量符合现行有关标准的规定。首先是要选择低碱水泥（含碱量小于或等于 0.6％），以降低混凝土总的含碱量（一般≤3.5kg/m³）。另外，混凝土配合比设计中，在保证质量要求的前提下，尽量降低水泥用量，从而进一步控制混凝土的含碱量。当掺入外加剂时，必须控制外加剂的含碱量，防止其对碱 - 骨料反应的促进作用。

（3）掺用活性混合材，如硅灰、粉煤灰（高钙高碱粉煤灰除外）对碱 - 骨料反应有明显的抑制效果，因为活性混合材可与混凝土中的碱（包括 Na^+、K^+ 和 Ca^{2+}）起反应；又由于它们是粉末状、颗粒小、分布较均匀，因此反应进行得快，且反应产物能均匀分散在混凝土中，而不集中在骨料表面，从而降低了混凝土中的含碱量，抑制了碱 - 骨料反应。同样道理采用矿渣含量较高的矿渣水泥也是抑制碱 - 骨料反应的有效措施。

（4）碱 - 骨料反应要有水分，如果没有水分，反应就会大为减少乃至完全停止。因此，设法防止外界水分渗入混凝土或者使混凝土变干可减轻反应的危害程度。

3.1.6　抗氯离子渗透性

如果混凝土原材料中 Cl^- 含量过大，或环境介质中的氯离子因混凝土不密实而渗透到混凝土内部，将对混凝土的质量产生严重危害。一是扩散到混凝土中钢筋表面达到一定浓度后将使钢筋表面的钝化保护膜破坏，导致钢筋锈蚀；二是氯盐溶液随着混凝土的干燥而迁移至混凝土表层，产生泛霜或在孔隙中结晶并产生结晶膨胀压力，导致表层混凝土剥离、开裂。

我国《普通混凝土长期性能和耐久性试验方法标准》（GB/T 50082—2009）规定测定混凝土抗氯离子渗透性能的方法有氯离子迁移法和电通量法。《混凝土耐久性检验评定标准》（JGJ/T 193—2009）中根据这两种方法分别将混凝土的抗氯离子渗透性能划分为五个等级。

3.2   钢筋抗锈蚀性能力

3.2.1   钢筋抗锈蚀性能力检测方法及分析

混凝土中钢筋的抗锈蚀能力是衡量混凝土耐久性的一个重要指标，工程上常用破损检测和非破损检测方法检测混凝土中钢筋锈蚀状况。目前常用的非破损检测方法有综合分析法、物理检测法和电化学方法三大类。其中电化学方法具有测试速度快、灵敏度高、可连续跟踪和原位测量等优点，是混凝土中钢筋锈蚀无损检测的发展方向。作者对自密实混凝土中的钢筋锈蚀问题采用了基于线性极化法原理研制的用于电化学参数测量的 Gill AC 系列仪器进行检测分析。下面对线性极化法的测试原理做一介绍。

1. 线性极化法

线性极化法也称直流极化电阻方法，是 Stern 和 Geary 于 1954 年提出并发展起来的一种快速而有效的腐蚀速度测试方法。当电流通过平衡电极时，电极电位将因此而偏离平衡电位使电极极化，在一定的电流密度下，电极电位与其平衡电位差值的绝对值称为该电流密度下的过电位，即它是电流密度的函数，是表征平衡电极极化程度的参数。当过电位很小时（10mV 以下），过电位与极化电流呈线性关系。

根据腐蚀电化学理论，测得极化电阻后就可以计算出腐蚀电流，进而判断钢筋的锈蚀状态。

$$I_{corr} = b_a b_c / 2.303(b_a + b_c)R_p = B/R_p \qquad (3-2)$$

$$B = b_a b_c / 2.303(b_a + b_c) \qquad (3-3)$$

式中 I_{corr}——腐蚀电流密度；

b_a、b_c——分别为阳极和阴极过程的 Tafel 常数；

B——计算常数；

R_p——极化电阻。

试验采用的自密实混凝土构件尺寸为 100mm×100mm×400mm 的长方体，构件中四个边角部分埋入 300mm 长、无锈的光圆钢筋，直径为 6mm，混凝土保护层厚度为 20mm。

下面结合腐蚀电流密度测试结果和《建筑结构检测技术标准》（GB/T 50344—2015）给出的钢筋锈蚀速率影响试件损伤年限的判别标准，见表 3-1，判别其锈蚀速率和保护层出现损伤的时间。

表 3 - 1　　按照钢筋锈蚀电流判别钢筋锈蚀速率和构件损伤年限的标准

序号	锈蚀电流密度 /(μA/cm^2)	锈蚀速率	保护层出现损伤年限
1	<0.2	钝化状态	—
2	0.2~0.5	低锈蚀速率	>15 年
3	0.5~1	中等锈蚀速率	10~15 年
4	1~10	高锈蚀速率	2~10 年
5	>10	极高锈蚀速率	不足 2 年

2. 锈蚀分析

对正常养护 28d 后的试件通过不同的氯离子溶液长期浸泡、干湿循环浸泡等处理，现将各组构建的锈蚀情况分析如下：

（1）未经氯离子溶液处理的试件，腐蚀电流密度均小于 0.2μA/cm^2，说明自密实混凝土自然状态下钢筋抗锈蚀能力很强。

（2）仅用氯离子溶液做试件表面喷洒处理的试件，腐蚀电流密度约在 0.25μA/cm^2，处于低锈蚀速率状态。

（3）自密实混凝土中掺加了 3％的 NaCl 构件，腐蚀电流密度始终在 7~8.5μA/cm^2，处于高锈蚀速率状态。因此工程上常规定氯离子浓度小于 0.4％，其对钢筋的锈蚀危害极大。

（4）粉煤灰掺量大的试件抗锈蚀能力强。

（5）氯离子溶液浸泡处理的试件，腐蚀电流密度增长很大，腐蚀电流密度 3~4μA/cm^2，处于高锈蚀速率状态。

（6）干湿循环浸泡的试件，腐蚀电流密度增长更大，腐蚀电流密度 3.2~4.3μA/cm^2，处于高锈蚀速率状态。原因是未浸泡期间吸收了氧气，从而使锈蚀速率加快，符合钢筋锈蚀需氧原理。

3.2.2　自密实混凝土中氯离子扩散模型的建立

氯离子侵入混凝土通常有两种途径：一种是"掺入"；另一种是"渗入"，即外界环境中的氯离子通过混凝土的宏观和微观缺陷，经过复杂的物理化学过程进入到混凝土中。

从外界侵入混凝土的氯离子，一部分以自由离子状态存在于混凝土孔隙液中，另一部分则与水泥水化物中的其他成分发生化学反应，生成不溶于水的物质。只有以自由状态存在的氯离子，才能对钢筋锈蚀造成影响。

Cl$^-$的渗透引起钢筋的锈蚀，外界环境的氯离子浓度往往高于混凝土中氯离子含量，浓度差导致氯离子由高浓度区向低浓度区扩散。目前，多采用菲克定律对氯离子的渗透现象进行解释。

1. 菲克第一定律

描述扩散现象的基本公式为菲克（Fick）定律，数学表达式为：

$$J = -D\frac{\mathrm{d}c}{\mathrm{d}x} \tag{3-4}$$

式中　J——单位时间通过垂直于扩散方向的单位面积的扩散物质通量，g/(cm²·s)；

　　$\mathrm{d}c/\mathrm{d}x$——溶质原子的浓度梯度，负号表示从高向低迁移；比例常数 D 称为扩散系数，单位为 cm²/s。

菲克第一定律只适用于稳态扩散，即在扩散过程中，各处的浓度不因为扩散过程的发生而随时间变化，也就是 $\mathrm{d}c/\mathrm{d}t = 0$。

2. 菲克第二定律

当物质分布浓度随时间变化时，浓度是时间和位置的函数 $C(x, t)$，扩散发生时不同位置的浓度梯度也不一样，扩散物质的通量也不一样。

在某一 $\mathrm{d}t$ 的时间段，扩散通量是位置和时间的函数 $j(x, t)$。

设单位面积 A 上取 $\mathrm{d}x$ 的单元体，体积为 $A\mathrm{d}x$，在 $\mathrm{d}t$ 的时间内通过截面 1 流入的物质量为 $j(x)A\mathrm{d}t$，而通过截面 2 流出的物质量为 $j(x+\mathrm{d}x)A\mathrm{d}t = \left[j(x) + \frac{\partial j}{\partial x}\mathrm{d}x\right]A\mathrm{d}t$，在 $\mathrm{d}t$ 时间内，单元体中的积有量为：流入量−流出量＝ $-\frac{\partial j}{\partial x}\mathrm{d}xA\mathrm{d}t$。

在 $\mathrm{d}t$ 时间内单元体的浓度变化量 $\frac{\partial C}{\partial t}\mathrm{d}t$，则需要的溶质量为 $\frac{\partial C}{\partial t}\mathrm{d}tA\mathrm{d}x$，有：

$$\frac{\partial C}{\partial t}\mathrm{d}tA\mathrm{d}x = -\frac{\partial j}{\partial x}\mathrm{d}xA\mathrm{d}t$$

即

$$\frac{\partial C}{\partial t} = -\frac{\partial j}{\partial x}$$

又

$$J = -D\frac{\mathrm{d}c}{\mathrm{d}x}$$

得

$$\frac{\partial C}{\partial t} = D\frac{\partial 2C}{\partial x^2} \tag{3-5}$$

同理，三维情况下，扩散方程为：

$$\frac{\partial C}{\partial t} = D\partial\forall 2C \tag{3-6}$$

这就是菲克第二定律在一维、三维情况下的表达形式。运用高等数学微积分知识可求解 $C(x, t)$ 的表达式，扩散体系的初始浓度作为边界条件，可以确定积分常数。

得有 $C(x,t) = C_s - (C_s - C_0)\text{erf}\left(\dfrac{x}{2\sqrt{Dt}}\right)$ （3-7）

式中　　C_s——外环境扩散物质浓度值；

　　　　C_0——被扩散物质内部含扩散物质的初始浓度值；

　$C(x,t)$——经历时间 t 后，表面以下深度 x 处的扩散物质浓度值；

$\text{erf}\left(\dfrac{x}{2\sqrt{Dt}}\right)$——高斯误差函数，已知 x，t，D 即可查出高斯误差函数值。

3. 氯离子扩散新模型的建立

D 作为氯离子扩散系数成为菲克第二定律应用的关键因素，国内外许多学者对其进行了大量的研究和试验，这里仅将英格兰的 Thomas 等建立的混凝土的氯离子扩散新模型及其 8 年海岸浪溅区暴露试验的结果验证情况作一简介。

据学者调查，海水的氯离子浓度约为 0.80%，浪溅区约为 1%，海滨 2km 以内可达 0.6%。C_0 为混凝土内部氯离子浓度初始值，一般情况下由于很小，可以忽略。

而

$$D = D_i t^{-m} \tag{3-8}$$

则有

$$C(x,t) = C_s - (C_s - C_0)\text{erf}\left[\dfrac{x}{2\sqrt{\dfrac{D_i}{1-m}t^{1-m}}}\right] \tag{3-9}$$

而 D_i 和混凝土与氯离子的结合能力系数 R 有关

$$R = C_b/C_f = (C_t - C_f)/C_f \tag{3-10}$$

R 的大小与混合材料的掺量和品种有关，普通混凝土取 $R=2\sim4$，自密实混凝土取 $R=3\sim15$，掺粉煤灰的混凝土取 $R=4.5$，矿渣水泥混凝土取 $R=14.7$。

为了确定式（3-8）中的参数 m，华侨大学的罗刚 2003 年提出了计算公式。

$$m = \left(0.8 - \dfrac{W}{C}\right) + 0.4\left(\dfrac{FA\%}{50} + \dfrac{SG\%}{70}\right) \tag{3-11}$$

考虑混凝土的劣化效应，等效扩散系数

$$D = KD_t \tag{3-12}$$

K 取值为 $1\sim14$，环境越差，取值越大，掺混合材料的取小值。

综合上述三个方面，建立混凝土中氯离子扩散新模型如下：

$$C_f = C_s - (C_s - C_0)\text{erf}\left[\dfrac{x}{2\sqrt{\dfrac{KD_0 t_0^m}{(1+R)(1-m)}t^{1-m}}}\right] \tag{3-13}$$

$$m = \left(0.8 - \dfrac{W}{C}\right) + 0.4\left(\dfrac{FA\%}{50} + \dfrac{SG\%}{70}\right) \tag{3-14}$$

式（3-13）和式（3-14）联合即可求解 C_f。

4. 模型的验证

Thomas 等在 1987 年用不同混凝土制作的 18 块规格为 1000mm×500mm×300mm 的钢筋混凝土试件，在英格兰东南海岸的浪溅区进行了 8 年暴露试验。普通混凝土水灰比为 0.66，28d 测得扩散系数 D_0 为 2.52cm^2/年，表面氯离子浓度为 0.35%（占混凝土质量比），$R=2$，$K=4$。

现在用新模型进行计算，取 $t=2$ 年时距离表面 $x=3.5$cm 处的浓度值。

取 $K=4$，$R=2$，$W/C=0.66$，由式 3-14

$$m=0.8-0.66=0.14$$

$$4×2.52×(28/365)^{0.14}×2^{1-0.14}/(1+2)×(1-0.14)=4.95$$

又因，不考虑氯离子初始浓度，得：

$$C_f = C_s - C_s \mathrm{erf}(x/4.45) = 0.35 - 0.35\mathrm{erf}(0.7865)$$

查高斯误差函数表得 erf（0.7865）=0.7338

$$C_f = 0.35 - 0.35 × 0.7338 = 0.0932$$

而实测值为 0.093。

由此可见，该模型具有很好的预测效果。

Thomas 等还做了一组掺 30% 粉煤灰的试件，并同样地测试了不同时期、不同深度处的自由氯离子浓度。水灰比为 0.54，28d 扩散系数为 1.89cm^2/年，$C_s=0.5$%，用模型计算 $t=3a$，$x=1.5$cm，取 $k=2$，$R=2$，

则 $m=0.8-0.54+0.4×(30/50)=0.5$

$$\frac{kD_0t_0^m}{(1+R)(1-m)}t^{1-m} = \frac{2×1.89×(28/365)^{0.5}}{(1+2)×(1-0.5)}×3^{(1-0.5)} = 1.209$$

$$2×1.209^{0.5}=2.199, x/2.199=1.5/2.199=0.6821$$

查表 erf（0.6821）=0.6650

$C_f=0.50-0.50×0.6650=0.1675$，与实测值 0.167 非常接近，相比于实测值，模型计算值高偏 0.299%，即偏差在 0.3% 以内。

3.3　纤维复合材料加固混凝土构件耐久性设计

纤维复合材料耐久性的试验研究成为当前混凝土耐久性研究的热点。本文基于纤维复合材料基本力学性能耐久性的研究结论，结合《混凝土结构设计规范》与《混凝土结构加固设计规范》的承载力计算公式，提出了纤维复合材料加固混凝土构件在紫外线辐射下的耐久性计算理论。并得出紫外线老化环境对于受弯承载力仅有 1.44% 的影响，而对受剪承载力有 11.11% 的降低。结合当前该领域的研究现状，本节提出了 6 点加固建议和 6 点研究方向的展望。对于纤维复合材料

加固混凝土试件的计算理论具有一定指导意义。

3.3.1　概述

1. 常见的混凝土加固措施

面对混凝土构件长期的老化，常有的几种加固方式[3-5]有加大截面法、置换混凝土法、外加预应力加固法、外包钢加固法、增设支点加固法、黏钢加固法、植筋加固法、焊接补筋加固法、喷射混凝土补强法及化学灌浆修补法等，每种加固方式都有各自的特点与适用范围。但是上述方法中一部分是通过改变设计构件的截面、材料、配筋来达到加固目的，通过这种方式有时会影响到结构的外观及使用等方面的特性。

2. 粘贴纤维复合材料加固法

在加固方案中，纤维增强材料（FRP）加固混凝土的方式始于 20 世纪 80 年代中期，目前该技术在一些发达国家已相当普及。在我国，这项技术起步较晚，但现在也已有大量的实验和实践来实现这项技术。

由于纤维复合材料轻质高强，不会增加构件截面尺寸及自重，湿作业少，易于施工，耐腐蚀、耐疲劳性的特点，成为一种较为理想的加固材料。常用于加固的纤维布有碳纤维、玻璃纤维、玄武岩纤维、芳纶纤维。在加固的纤维中，以玻璃纤维为例，其抗拉强度是普通钢筋的 4～10 倍，从密度方面讲，普通钢材为 7.85g/cm^3，玻纤密度 $2.51～2.61 \text{g/cm}^3$，仅为普通钢材的 1/3。玻璃纤维具体的力学指标见表 3-2。

表 3-2　　　　　　　　　　　　玻璃纤维的力学性能

纤维种类 \ 力学性能	抗拉强度标准值 /MPa	受拉弹性模量 /MPa	伸长率 （%）	弯曲强度 /MPa	密度 /(g/cm³)
S 玻纤	≥2200	≥1.0×10^5	≥3.2	≥600	2.51～2.61
E 玻纤	≥1500	≥7.2×10^4	≥2.8	≥500	2.51～2.61

目前关于纤维复合材料加固混凝土方面的研究成果主要是加固后混凝土构件的承载力计算理论，对其耐久性研究较少。纤维复合材料加固后的混凝土结构处于日照环境中，不可避免地受到紫外线的照射，使纤维复合材料、胶黏剂都长期受到紫外线的照射而产生老化问题。在现有的加固设计中，并未考虑该老化问题造成材料和结构承载力的降低，使加固后的结构计算偏于不安全。

3. 加固机理与方案

为了提高受弯构件的正截面抗弯承载力，一般采用纯弯段整体包裹纤维布（见图 3-1），或者在梁底布置整面纤维布或纤维条带（见图 3-2），可充分利用纤维材料高强度的优势延迟裂缝的出现并限制裂缝的发展。同样，纤维材料还可以用来保证斜截面不会过早出现裂缝并破坏。与正截面加固类似，可以采用条带法（见图3-3）或者整体式包裹。裂缝出现时纤维材料与箍筋，骨料咬合力以及纵筋的销栓作用共同抵抗斜截面剪力，从而大大提高梁的受剪承载力。对于受压构件或有抗震要求的柱，同样可采用条带包裹或整体式包裹（见图3-4和图3-5），利用纤维布的强度限制受压杆件混凝土的横向膨胀变形，使受力体处于三轴压缩状态，从而提高其承载能力。

图 3-1　整体式包裹（一）

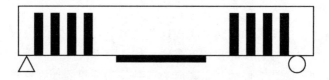

图 3-2　梁底包裹

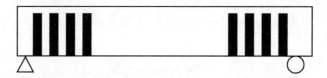

图 3-3　条带粘贴（一）

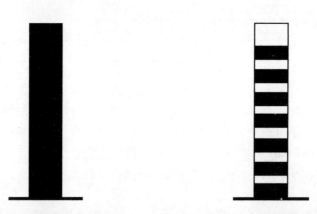

图 3-4　整体式包裹（二）　　　　图 3-5　条带粘贴（二）

条带粘贴加固方案由于节省材料，加固方式种类较多且效果较好而被广泛应用，常见的条带加固方案有以下四类：①U形条带；②U形条带＋纵向压条；③环形条带；④环形条带＋纵向压条。具体如图3-6和图3-7所示。

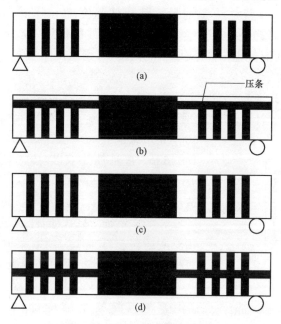

图3-6　纤维布粘贴平面图

（a）U形条带；（b）U形条带＋纵向压条；（c）环形条带；（d）环形条带＋纵向压条

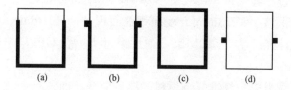

图3-7　纤维布粘贴截面图

（a）U形条带；（b）U形条带＋纵向压条；（c）环形条带；（d）环形条带＋纵向压条

3.3.2　紫外线老化对纤维复合材料加固混凝土构件承载力的影响

基于以往工程领域内对于不同的纤维复合材料力学性能的试验研究所提供的数据及结论，结合《混凝土结构设计规范》（GB 50010—2010）与《混凝土结构加固设计规范》（GB 50367—2013）有关构件承载力的计算公式与适用范围，提出了加固混凝土试件的承载力计算理论。并通过该计算方法研究紫外线老化环境对加固混凝土试件的耐久性影响。

1. 紫外线辐射对纤维复合材料的影响

在紫外线照射下，随着照射时间的增加，纤维布拉伸强度呈下降趋势。就玻璃纤维而言[3-6]，经紫外线照射后，其拉伸强度 20h 降低 13.8%，50h 降低 20.36%，整体下降趋势接近直线变化。在紫外线的作用下，其拉伸强度变化较为显著，故应代入混凝土构件承载力计算公式，得出拉伸强度变化对构件承载力的最不利影响程度。

2. 加固混凝土梁正截面抗弯性能的分析

（1）试验梁设计。试验梁宜采用 C30 混凝土，截面尺寸 $bh = 200\text{mm} \times$

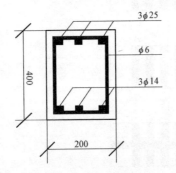

图 3-8　试验梁配筋图

400mm，总跨度 $L = 2000\text{mm}$，计算跨度 $L = 1800\text{mm}$。配箍筋为双肢 $\phi6@150$，配箍率 $\rho_{sv} = nA_{sv}/sb = 57/(200 \times 150) = 0.19\%$，能够满足构造规定和配箍率要求。纵向双筋截面，受拉钢筋 $3\phi25$，受压钢筋 $3\phi14$，同样满足配筋率要求。采用梁底面包裹纤维布，所有梁同批次浇筑，浇筑每根梁的同时制作标准试块两组，每组 3 个。

查阅《混凝土结构设计规范》（GB 50010—2010）与《混凝土结构加固设计规范》（GB 50367—2013），基础数据如下：

C30 混凝土，$f_c = 14.3\text{MPa}$，$f_t = 1.43\text{MPa}$，$\alpha_1 = 1.0$。

HRB400 钢筋，$f_y = 360\text{MPa}$，$\xi_b = 0.518$，$h_0 = 365\text{mm}$。

受拉钢筋面积 $A_s = 1473\text{mm}^2$，受压钢筋面积 $A'_s = 461\text{mm}^2$。

纤维布的设计强度 $f_f = 500\text{MPa}$，弹性模量 $E_f = 70\text{GPa}$，伸长率 $\varepsilon_f = 2.3\%$，厚度 $t_f = 0.119\text{mm}$[3-7]。

不考虑二次受力影响纤维复合材料的滞后应变，即 $\varepsilon_{fo} = 0$。

（2）计算未加固梁正截面受弯承载力。

截面相对受压区高度：

$$x = \frac{f_y A_s - f'_y A'_s}{\alpha_1 f_c b} = \frac{360 \times 1473 - 360 \times 461}{1 \times 14.3 \times 200} = 127.38$$

$$2a'_s = 70\text{mm} < x < \xi_b h_0 = 0.518 \times 365 = 189.7$$

$$M_u = \alpha_1 f_c bx(h_0 - x/2) + f'_y A'_s(h_0 - a'_s)$$
$$= 1 \times 14.3 \times 200 \times 127.38 \times (365 - 127.38/2) + 360 \times 461 \times (365 - 35)$$
$$= 164.54(\text{kN} \cdot \text{m})$$

（3）计算加固梁正截面受弯承载力[3-8]。采用《混凝土结构加固设计规范》（GB 50367—2013）中的纤维复合材料承载力计算公式计算玻璃纤维复合材料加固混凝土梁的正截面受弯承载力。计算公式如下：

$$M \leqslant \alpha_1 f_{c0} b x \left(h - \frac{x}{2} \right) + f'_{c0} A''_{s0} (h - a') - f_{c0} A_{s0} (h - h_0) \tag{3-15}$$

$$\alpha_t f_{c0} b x = f_{y0} A_{s0} + \psi_f f_f A_{fe} - f'_{y0} A''_{s0} \tag{3-16}$$

$$\psi_f = \frac{\left(0.8 \varepsilon_{cu} \dfrac{h}{x} \right) - \varepsilon_{cu} - \varepsilon_{f0}}{\varepsilon_f} \tag{3-17}$$

$$x \geqslant 2a' \tag{3-18}$$

$$A_f = \frac{A_{fe}}{k_m} \tag{3-19}$$

$$k_m = 1.16 - \frac{n_f E_f t_f}{308\,000} \leqslant 0.90 \tag{3-20}$$

其中参数的具体定义见表 3-3。

表 3-3　　　　　　　　　混凝土结构加固设计规范参数定义

参数	定　义
M	构件加固后弯矩设计值
x	等效矩形应力图形的混凝土受压区高度
b、h	矩形截面宽度和高度
f_{y0}、f'_{y0}	原截面受拉钢筋和受压钢筋的抗拉抗压强度设计值
A'_{s0}、A_{s0}	原截面受压钢筋和受拉钢筋的截面面积
a'	纵向受压钢筋合力点至截面近边的距离
h_0	构件加固前的界面有效高度
f_f	纤维复合材的抗拉强度设计值
A_{fe}	纤维复合材的有效截面面积
ψ_f	考虑纤维复合材实际抗拉应变达不到设计值而引用的强度利用系数
ε_{cu}	混凝土极限压应变
ε_f	纤维复合材拉应变设计值
ε_{f0}	考虑二次受力影响时,纤维复合材的滞后应变,若不考虑,则取 0
A_f	实际应粘贴的纤维复合材截面面积
k_m	纤维复合材厚度折减系数
E_f	纤维复合材弹性模量设计值
n_f、t_f	分别为纤维复合材(单向织物)层数和单层厚度

紫外线作用后纤维复合材料基本力学性能见表 3-4。

将表 3-4 中数据分别代入式 (3-15)～式 (3-20) 中,得到计算结果汇总见表 3-5。

表 3 - 4　　　　　　　　　紫外线作用后纤维复合材料基本力学性能

老化时间/h	未处理	20	50	80	110	140	170	200
拉伸强度/MPa	500.00	431.14	398.20	353.29	326.35	320.36	293.41	239.52
变动比例	0.00	0.14	0.20	0.29	0.35	0.36	0.41	0.52

表 3 - 5　　　　　　　　　正截面受弯承载力计算结果

老化时间/h	ψ_f	k_m	A_{ef}/mm^2	$\alpha_t f_{co} bx$	$M_u/(kN \cdot m)$	变化率（%）
未处理	0.4894	0.9000	64.26	380 042.86	183.06	0.00
20	0.4894	0.9000	64.26	377 877.44	182.36	0.38
50	0.4894	0.9000	64.26	376 841.80	182.03	0.56
80	0.4894	0.9000	64.26	375 429.56	181.58	0.81
110	0.4894	0.9000	64.26	374 582.22	181.30	0.96
140	0.4894	0.9000	64.26	374 393.93	181.24	0.99
170	0.4894	0.9000	64.26	373 546.59	180.97	1.14
200	0.4894	0.9000	64.26	371 851.91	180.42	1.44

受弯承载力老化曲线如图 3 - 9 所示。

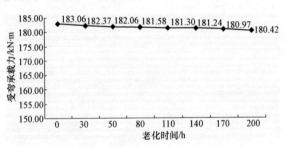

图 3 - 9　受弯承载力老化曲线

（4）结论。

1）由表 3 - 3 的试验数据，可以发现玻璃纤维布的抗拉强度随着紫外线老化试验的进行逐渐降低，照射时间达到 200h，降低达到 52%。可见紫外线对于纤维复合材料的抗拉强度具有较为显著的影响。

2）根据加固前后正截面承载力的计算，发现加固后的承载力（183.06kN·m）要比加固前（164.54kN·m）平均提高 11.25% 左右，可见纤维材料对于承载力的提高有较为良好的加固效果，计算结果也与大量已有试验研究的结论良好吻合。

3）通过图 3 - 9 的老化曲线，不难发现，随着老化时间的增长，玻璃纤维材料加固混凝土梁的承载力随着老化天数的变化十分微小。照射时间为 200h 的时候，抗弯承载力变动仅为 1.44%。可见，紫外线照射老化试验对于纤维材料本身的强度有一定影响，但是对于加固受弯试件来说，其影响则微乎其微，如果不是特别重要的建筑物，不必考虑老化后承载能力的降低。

3.3.3　加固混凝土梁的斜截面受剪承载力分析

1. 未加固混凝土梁的承载力计算

对于未进行任何加固措施的梁，可以按照混凝土结构设计规范中的斜截面承载力公式进行计算：

首先，计算斜截面受剪承载力：

$$V_{es} = 0.7f_t bh_0 + 1.25f_{yv}\frac{nA_{sv1}}{s}h_0$$
$$= 0.7 \times 1.43 \times 200 \times 365 + 1.25 \times 210 \times 57 \times 365/150$$
$$= 109.48(kN)$$

进行截面校核：

$$\frac{h_w}{b} = \frac{365}{200} = 1.825 < 4$$

$$V_{es} \leqslant 0.25\beta_c f_c bh_0 = 0.25 \times 1.0 \times 14.3 \times 200 \times 365 = 260.975(kN)$$

截面满足强度要求。

2. 加固混凝土梁的承载力计算[3-9]

加固方案采用环形条带加固法，条带三层粘贴。

梁的截面如图 3-10 所示。

受剪承载力增量 $V_{bf} = \psi_{vb}f_f A_f h_f/s_f$ 按照剪跨比 $\lambda \leqslant 1.5$，取抗剪强度折减系数 $\psi_{vb} = 0.68$，纤维材料抗拉强度按照规范要求取 $f_{f1} = 0.56f_f$，配置在同一截面处纤维材料环形条带的全部截面积：

$$A_f = 2n_f b_f t_f = 2 \times 3 \times 30 \times 0.119 = 21.42(mm^2)$$

3-10　梁截面形状图

梁侧面环形条带的有效高度取 $h_f = h = 400mm$，条带的间距取 $s_f = 25 + 30 = 55$（mm）

根据以上公式计算梁受剪极限承载力，计算结果如见表 3-6。

表 3-6　　　　　　　　斜截面受剪承载力计算结果

老化时间/h	拉伸强度/MPa	V_{bf}/kN	V_{es}/kN	V/kN	抗剪承载力变化（%）
未处理	500.00	29.66	109.48	139.14	0.00
20	431.14	25.58	109.48	135.06	2.94
50	398.20	23.62	109.48	133.10	4.34
80	353.29	20.96	109.48	130.44	6.25

续表

老化时间/h	拉伸强度/MPa	V_{bf}/kN	V_{es}/kN	V/kN	抗剪承载力变化（%）
110	326.35	19.36	109.48	128.84	7.40
140	320.36	19.00	109.48	128.48	7.66
170	293.41	17.41	109.48	126.89	8.81
200	239.52	14.21	109.48	123.69	11.11

3. 结论

（1）由表 3-6 的试验数据，加固前后斜截面承载力的计算，发现加固后的承载力（139.14kN）要比加固前（109.48kN）平均提高 27.1% 左右，可见纤维材料对于斜截面承载力的提高贡献极大。

（2）通过图 3-11 的老化曲线，不难发现，随着老化时间的增长，玻璃纤维材料加固混凝土梁的抗剪承载力随着老化天数的有着较为显著的变化。在照射时间为 200h 时，其抗剪承载力降低 11.11%。可见，紫外线照射老化试验对于纤维材料本身的强度有一定影响，对于加固受弯试件的剪压区来说，同样存在一定的影响，需要考虑老化后承载能力的降低。

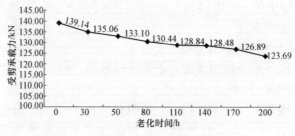

图 3-11　斜截面受剪承载力劣化曲线

3.3.4　受压构件承载力与稳定性的计算

混凝土结构加固设计规范中给出了受压构件在纤维复合材料加固以后的承载力计算公式，同样的，可以结合不同种纤维复合材料的强度，应变与弹性模量，分析其力学本质，根据以往研究成果中的基础力学性能指标及数据，提出构件在经历老化试验过后的承载力计算理论。在计算过程中，需考虑荷载偏心距，偏心方向，构件的长细比，配筋形式及配筋量等多种因素对于计算理论的影响。该理论推导较为复杂，这里不再进行详细叙述。

3.3.5　纤维复合材料耐久性研究的建议与展望

根据相关试验的研究成果，CFRP 加固的构件破坏模式 90% 为剥离破坏。因此在设计中，为减少纤维布与混凝土之间在构件达到极限状态之前发生黏结失效，结合本文的计算结果，提出以下几点加固改进建议：

（1）由于计算结果显示紫外线照射后加固构件的受弯承载力降低 1.44%，受剪承载力降低 11.11%，故应对紫外线照射后混凝土构件的受弯承载力计算结果乘以 0.9 的折减系数，对于受剪承载力的计算结果乘以 0.75 的折减系数，使计算所得极限承载力有较大的安全储备。

（2）将纤维布的锚固长度增加 20%，使构件发生破坏之前，较少纤维布与混凝土构件提前黏结失效。

（3）将粘贴纤维布的厚度由一层增加为多层，加强构件承载力。

（4）将原有用于黏结纤维布和混凝土的胶体换成更高黏结性的胶体。

（5）可采用多条纵向纤维布压条对纤维材料进行二次加固，形成平面力系以进一步提高其承载能力。

（6）在纤维复合材料加固设计中，采用本文提出的考虑材料耐久性对结构承载力影响的计算公式，保证加固后结构的使用年限达到 30 年以上。

对于纤维复合材料加固混凝土试件的研究方向，还有以下内容需要进一步研究：

（1）研究纤维复合材料的极限承载力，可以从试验与规范层面进一步上升至力学模型层面，研究纤维复合材料加固试件的受力机制。可建立纤维材料与混凝土黏结的变形相容方程，静力平衡方程，并建立本构方程，结合实验数据提出较为可靠的力学分析理论体系。

（2）可以运用结构的塑形极限理论分析，对于纤维复合材料混凝土试件的力学分析进行改进。可在一定程度上提高其承载极限，节约材料，提高经济性。

（3）可运用结构优化设计的思想进行纤维复合材料加固混凝土试件的优化研究。运用运筹学与系统工程理论，结合试件的破坏机制（破坏模式与裂缝形式），研究纤维材料的优化粘贴方法，以达到用最少的材料实现最大承载力的要求，可大大提高试件的经济性。

（4）研究胶黏剂的应力分布，用力学模型研究纤维复合材料与混凝土试件的黏结机制。

（5）研究纤维复合材料对于地震作用或惯性力的抵抗作用，提出纤维复合加固混凝土试件的抗震计算公式。

（6）研究纤维复合材料对于开裂荷载，屈服荷载的影响，进一步提出该材料对于裂缝控制与变形控制的设计理论。

3.4　提高混凝土耐久性的主要措施

提高混凝土耐久性的主要措施主要从以下几个方面考虑。

（1）合理选择水泥品种（选用低水化热和含碱量低的水泥，尽可能避免使用

早强型水泥和高 C_3A 含量的水泥）。

（2）选用质量良好的砂石骨料（级配良好、技术条件合格）。

（3）降低水胶比，减少拌和用水量（大掺量矿物掺合料混凝土的水胶比≤ 0.42；水胶比在 0.42 以下的混凝土，$W<170kg/m^3$）。

（4）掺入减水剂、引气剂以及活性掺合料（减小水胶比、改善孔结构以及水泥石界面结构）。

（5）防止钢筋腐蚀（控制混凝土材料中的 Cl^- 含量，提高密实度）。

（6）加强混凝土生产质量控制，保证施工质量（搅拌均匀、合理浇筑、振捣密实、加强养护、避免次生裂缝）。

参 考 文 献

[3-1] 应敬伟，肖建庄. 再生骨料取代率对再生混凝土耐久性的影响 [J]. 建筑科学与工程学报，2012（01）：56-62.

[3-2] 王玉倩，程寿山，李万恒，等. 国内外混凝土桥梁耐久性指标体系调查分析 [J]. 公路交通科技，2012（02）：67-72.

[3-3] 王春生，周江，缪文辉. 混凝土桥面板耐久性计算与影响参数分析 [J]. 桥梁建设，2012（06）：74-80.

[3-4] 王增忠. 基于混凝土耐久性的建筑工程项目全寿命经济分析 [D]. 同济大学，2006.

[3-5] 霍洪媛，陈爱玖，姚武，等. 海洋工程混凝土耐久性研究 [J]. 混凝土，2008（01）：7-10.

[3-6] 肖建庄，雷斌. 再生混凝土耐久性能研究 [J]. 混凝土，2008（05）：83-89.

[3-7] 潘洪科，边亚东，杨林德. 钢筋混凝土结构基于耐久性劣化度的可靠性分析 [J]. 建筑结构学报，2011（01）：105-109.

[3-8] 孟庆超. 混凝土耐久性与孔结构影响因素的研究 [D]. 哈尔滨工业大学，2006.

[3-9] 赵霄龙，巴恒静. 普通强度高耐久性混凝土的配制技术 [J]. 建筑技术，2004（01）：26-29.

[3-10] 黄智山，王大超. 混凝土的耐久性 [J]. 混凝土，2004（06）：25-28.

[3-11] 万先虎. 高温干湿交替环境下 FRP-混凝土界面黏结性能的耐久性研究 [D]. 哈尔滨工业大学，2013.

[3-12] 孙增智. 道路水泥混凝土耐久性设计研究 [D]. 长安大学，2010.

[3-13] 陈拴发，胡长顺. 公路结构物水泥混凝土耐久性研究动态 [J]. 公路，2003（05）：122-127.

[3-14] 杜红伟. 纤维复合材料加固混凝土构件耐久性设计 [J]. 南阳理工学院学报，2012（07）：81-84.

第4章

关于混凝土实际工程若干问题的探讨

4.1 水泥混凝土路面单位用水量计算经验公式质疑

4.1.1 问题的提出

笔者在教学过程中发现,《公路水泥混凝土路面施工技术细则》(JTG/T F30—2014)关于水泥混凝土路面配合比设计时单位用水量W_0的计算经验公式有误,现提出质疑,并进行探讨。

4.1.2 单位用水量计算经验公式及其影响因素分析

JTG/T F30—2014 给出的单位用水量计算经验公式:

碎石: $W_0 = 104.97 + 0.309S_L + 11.27(C/W) + 0.61S_p$　　　　(4-1)

卵石: $W_0 = 86.89 + 0.370S_L + 11.24(C/W) + 1.000S_p$　　　　(4-2)

式中　W_0——不掺外加剂与掺合料混凝土的单位用水量, kg/m³;

S_L——坍落度, mm;

S_p——砂率,%;

C/W——灰水比,水灰比之倒数。

由此可见,单位用水量的大小取决于骨料品种、坍落度、灰水比及砂率。具体分析如下:

1. 粗集料影响

式(4-1)和式(4-2)已对粗集料品种的影响进行了区分,以两个经验公式给出用水量计算方法。

2. 坍落度影响

坍落度是施工和易性的重要指标,取决于施工方式,JTG/T F30—2010 给出了不同施工方式下拌和物最佳坍落度及其允许范围和最大单位用水量的上限值,详见表4-1和表4-2。

表 4 - 1　混凝土路面滑膜摊铺最佳坍落度、允许范围及最大单位用水量

集料品种		卵石混凝土	碎石混凝土
坍落度/mm	设超前角的滑模摊铺机	20～40	25～50
	不设超前角的滑模摊铺机	10～40	10～30
	允许波动范围/mm	5～55	10～65
震动黏度系数/（N·s/m²）		200～500	100～160
最大单位用水量/（kg/m³）		155	160

表 4 - 2　不同路面施工方式混凝土拌和物的坍落度及最大单位用水量

摊铺方式	轨道摊铺机摊铺		三辊轴机组摊铺		小型机具摊铺	
出机坍落度/mm	40～60		30～50		10～40	
摊铺坍落度/mm	20～40		10～30		0～20	
最大单位用水量/（kg/m³）	碎石 156	卵石 153	碎石 153	卵石 148	碎石 150	卵石 145

3. 水灰比影响

水灰比的大小应满足弯拉强度的要求和耐久性的要求，而耐久性的要求给出了水灰比的最大值。换言之，即是给出了灰水比的最小值，这样可使计算的单位用水量偏小，按表 4 - 3（摘自 JTG/T F30—2014）选取水灰比计算。

表 4 - 3　混凝土满足耐久性要求的最大水（胶）灰比和最小水泥用量

公路技术等级			高速公路、一级公路	二级公路	三、四级公路
最大水灰比 （或水胶比）	无抗冻性要求		0.44	0.46	0.48
	有抗冻性要求		0.42	0.44	0.46
	有抗盐冻性要求		0.40	0.42	0.44
最小单位水泥用量 （不产粉煤灰时） /（kg/m³）	无抗冻性 要求	42.5 级水泥	300	300	290
		32.5 级水泥	310	310	305
	有抗冰（盐） 冻性要求	42.5 级水泥	320	320	315
		32.5 级水泥	330	330	325
最小单位水泥用量 （掺粉煤灰时） /（kg/m³）	无抗冻性要求	42.5 级水泥	260	260	255
		32.5 级水泥	280	270	265
	有抗冰（盐） 冻性要求	42.5 级水泥	280	270	265

4. 砂率影响

根据砂的细度模数和粗集料品种按表 4 - 4（摘自 JTG/T F30—2014）选取。

表 4 - 4　　　　　　　　　　砂的细度模数与最优砂率关系

砂细度模数		2.2～2.5	2.5～2.8	2.8～3.1	3.1～3.4	3.4～3.7
砂率 S_P	碎石混凝土	30～34	32～36	34～38	36～40	38～42
	卵石混凝土	28～32	30～34	32～36	34～38	36～40

4.1.3　工程实例试算结果分析

根据不同施工方式选择适宜坍落度、砂率、灰水比计算单位用水量。然后和最大单位用水量进行比较见表 4 - 5。

表 4 - 5　　　　　　　　工程实例单位用水量计算结果比较表

粗集料品种	坍落度/mm	砂率	C/W	公式计算值	用水量规定最大值
碎石	30	32	1/0.42	161kg/m³	160kg/m³
卵石	30	32	1/0.42	157kg/m³	155kg/m³

上述计算时，坍落度、砂率、灰水比均选用了中等偏小值计算用水量，而单位用水量规定最大值采用了上限值，套用经验公式计算值在偏小的情况下仍然超出了规定上限值，只能根据规范取其规定上限值，这将使经验公式的计算失去意义。针对这个问题作者查阅了很多资料，发现 JTG/T F30—2014 提供的经验公式非印刷错误，相关符号解释也没有问题，然而这个公式的计算结果却令人失望，有几本教学参考书在例题计算时，不自觉地对该公式进行了修正，而用修正后的经验公式的计算结果是比较满意的，我们以此修正后的经验公式进行配合比设计和试验验证也取得了令人满意的效果。

4.1.4　对经验公式的调整

建议将经验公式中的第三项 C/W，调整为 W/C。

即采用将式 (4 - 1)、式 (4 - 2) 修正后的公式。

碎石：$W_0 = 104.97 + 0.309S_L + 11.27 (W/C) + 0.61S_p$　　　　　　(4 - 3)

卵石：$W_0 = 86.89 + 0.370S_L + 11.24 (W/C) + 1.000S_p$　　　　　　(4 - 4)

用修正后公式的计算结果为：碎石：138kg/m³

卵石：135kg/m³

均处于最大单位用水量规定上限值以内，可以采用。

下面结合具体工程实例予以说明。

例：路面混凝土配合比设计示例

1. 设计要求

某高速公路路面工程用混凝土（无抗冰冻性要求），要求混凝土设计弯拉强

度标准值 f_r 为 5.0MPa，施工单位混凝土弯拉强度样本的标准差 s 为 0.4MPa（$n=9$）。混凝土由机械搅拌并振捣，采用滑模摊铺机摊铺，施工要求坍落度30～50mm。试确定该路面混凝土配合比。

2. 组成材料

硅酸盐水泥 P·Ⅱ 52.5 级，实测水泥 28d 抗折强度为 8.2MPa，水泥密度 $\rho_c=3100kg/m^3$；中砂：表观密度 $\rho_s=2630kg/m^3$，细度模数 2.6；碎石：5～40mm，表观密度 $\rho_g=2700kg/m^3$、振实密度 $\rho_{gf}=1701kg/m^3$；水：自来水。

3. 设计计算

①计算配制弯拉强度（$f_{cu,0}$）。查表 4-6，当高速公路路面混凝土样本数为 9 时，保证率系数 t 为 0.61。

表 4-6 保证率系数

公路等级	判别概率 p	样本数 n				
		3	6	9	15	20
高速公路	0.05	1.36	0.79	0.61	0.45	0.39
一级公路	0.10	0.95	0.59	0.46	0.35	0.30
二级公路	0.15	0.72	0.46	0.37	0.28	0.24
三级和四级公路	0.20	0.56	0.37	0.29	0.22	0.19

按照表 4-7，高速公路路面混凝土变异水平等级为"低"，混凝土弯拉强度变异系数 $C_v=0.05～0.10$，取中值 0.075。

表 4-7 各级公路混凝土路面弯拉强度变异系数

公路技术等级	高速公路	一级公路		二级公路		三、四级公路
变异水平等级	低	低	中	中	中	高
变异系数允许范围	0.05～0.10			0.10～0.15		0.15～0.20

根据设计要求，$f_r=5.0$MPa，将以上参数带入混凝土设计弯拉强度标准值公式，混凝土配制弯拉强度为：

$$f_c = \frac{f_r}{1-1.04C_v} + t_s = \frac{5.0}{1-1.04\times0.075} + 0.61\times0.4 = 5.67(\text{MPa})$$

$$(4-5)$$

②确定水灰比（W/C）。按弯拉强度计算水灰比。水泥实测抗折强度 $f_s=8.2$MPa，计算得到的混凝土配制弯拉强度 $f_c=5.67$MPa，粗集料为碎石，代入经验公式计算混凝土的水灰比 W/C：

$$W/C = \frac{1.5684}{f_c+1.0097-0.3595f_s} = \frac{1.5684}{5.67+1.0097-0.3595\times8.2} = 0.42$$

$$(4-6)$$

耐久性校核。混凝土为高速公路路面所用，无抗冰冻性要求，查表 4 - 2 得最大水灰比为 0.44，故按照强度计算的水灰比结果符合耐久性要求，取水灰比 $W/C=0.42$，灰水比 $C/W=2.38$。

③确定砂率（S_p）。由砂的细度模数 2.6，碎石混凝土，查表表 4 - 3，取混凝土砂率 $S_p=34\%$。

④确定单位用水量（m_{w0}）。由坍落度要求 30～50mm，取 40mm，水灰比 $W/C=0.42$，砂率 34%代入式（4 - 7 修正），计算单位用水量：

$$m_{w0} = 104.97 + 0.309 \times 40 + 11.27 \times 0.42 + 0.61 \times 34 = 143 (\text{kg/m}^3)$$

$$(4 - 7)$$

查表 4 - 1，得最大单位用水量为 160kg/m³，故取计算单位用水量 143kg/m³。

若不用修正公式计算而用现行规范给的公式计算，则单位用水量为 104.97 + 0.309 × 40 + 11.27 × 2.38 + 0.61 × 34 = 165（kg），超出规范规定最大值 160kg，只能取用最大值 160kg，因此每立方米混凝土用水量由于用修正后的公式计算而减少 17kg，相应的节约水泥用量为 17×2.38＝40（kg）。

⑤确定单位水泥用量（m_{c0}），

将单位用水量 143kg/m³、水灰比 $C/W=2.38$ 代入公式计算单位水泥用量：

$$m_{c0} = \left(\frac{C}{W}\right) \times m_{c0} = 2.38 \times 143 = 340 (\text{kg/m}^3) \qquad (4 - 8)$$

查表 4 - 2 得满足耐久性要求的最小水泥用量为 300kg/m³，由此取计算水泥用量 340kg/m³。

⑥计算粗集料用量（m_{g0}）、细集料用量（m_{s0}）。

将上面的计算结果代入混凝土体积与质量关系方程组得：

$$\frac{m_{s0}}{2630} + \frac{m_{g0}}{2700} = 1 - \frac{340}{3100} - \frac{143}{1000} - 0.01 \times 1 = 0.737 \qquad (4 - 9)$$

$$\frac{m_{s0}}{m_{s0} + m_{g0}} = 0.34 \qquad (4 - 10)$$

求解得：砂用量 $m_{s0}=671$kg/m³，碎石用量 $m_{g0}=1302$kg/m³。

验算：碎石的填充体积＝$\dfrac{m_{g0}}{\rho_{gf}} \times 100\% = 1302/1701 \times 100\% = 74.2\%$，符合要求。由此确定路面混凝土的"初步配合比"为：$m_{c0} : m_{w0} : m_{s0} : m_{g0} = 345 : 145 : 671 : 1302$。

路面混凝土的基准配合比、设计配合比与施工配合比设计内容与普通混凝土相同，此处不再赘述。

因此建议规范修订时将单位用水量计算的经验公式做出调整，使配合比设计过程中单位用水量的确定更能符合工程实际需要，而不是一味地只能根据现行规范规定的最大值确定单位用水量，用经验公式确定一个较小的用水量在满足施工和易性的基础上可以达到节约水泥用量，保证设计弯拉强度，一般每立方米混凝土可以节约水泥 40kg 左右，这对于降低工程造价具有非常重要的意义。

4.2　混凝土龄期强度问题

4.2.1　概述

目前在世界范围内，混凝土作为用途最广、用量最大的一种的建筑材料，研究混凝土的特点和性能可以更方便地应用混凝土，充分发挥混凝土的优势。要让混凝土更好地为人类服务与环境协调发展，进一步促进混凝土科技进步，为不断探索发展途径和技术创新奠定基础，必须掌握混凝土的强度、工作性、耐久性等各方面性能。其中混凝土龄期强度估测问题既与原材料组成有关，又和施工拆模时间有关，同时也会直接影响结构工程最终的质量验收。因此混凝土龄期强度估测的可靠性就成为混凝土生产质量控制的重要因素。

结合南阳市温凉河河道整治拦河坝实际工程的混凝土配制、测试、推算、实测数据，在充分考虑其他各因素的影响下，对龄期的影响提出了一种结合强度等级和可靠度要求的简化处理方法，具有重大的理论价值和突出的实用意义。研究结果表明：C15～C55 范围的混凝土，用 3d 强度推算 28d 强度，符合性较好，可靠度可达 90％以上，C25～C40 范围甚至可靠度达 95 以上，60d 强度推算可靠度达 90％，建议对于工期较长的水利工程可以考虑采用 60d 强度验收控制质量，以有利于节约材料，降低工程造价。

对数龄期强度公式修正系数的适用性问题，鉴于南阳市目前在建的工程，高强段 C60 以上的混凝土用量很少，验证时参考了国内相关同类型工程的技术性能资料，因而其可靠性低于中低强段。

4.2.2　硬化混凝土的性质

1. 混凝土的力学性质

混凝土的力学性质是指硬化后混凝土在外力作用下有关变形的性能和抵抗破坏的能力，即变形和强度的性质。

（1）混凝土强度。

①混凝土的立方体抗压强度（f_{cu}）。混凝土的抗压强度用得较多的是立方体抗压强度，有时也用棱柱体或圆柱体的抗压强度。根据国家标准《普通混凝土力学性能试验方法标准》（GB/T 50081—2002）制作边长为 150mm 的立方体标准试件，在标准条件（温度 20℃±2℃，相对湿度 95％以上）下，养护 28d 龄期，测得的抗压强度值作为混凝土的立方体抗压强度值，用 f_{cu} 表示。

$$f_{cu} = \frac{F}{A} \tag{4 - 11}$$

式中　f_{cu}——混凝土的立方体抗压强度，MPa；

$\quad\quad$ F——破坏荷载，N；

$\quad\quad$ A——试件承压面积，mm^2。

对于同一混凝土材料，采用不同的试验方法，例如，不同的养护温度、湿度，以及不同形状、尺寸的试件等其强度值将有所不同。

测定混凝土抗压强度时，也可采用非标准试件，然后将测定结果乘以换算系数，换算成相当于标准试件的强度值，对于边长为 100mm 的立方体试件，应乘以强度换算系数 0.95，边长为 200mm 的立方体试件，应乘以强度换算系数 1.05。

②混凝土立方体抗压强度标准值（$f_{cu,k}$）与强度等级。按照国家标准《混凝土结构设计规范》（GB 50010—2010），混凝土立方体抗压强度标准值是指按标准方法制作和养护的边长为 150mm 的立方体试件，在 28d 龄期，用标准试验方法测得的强度总体分布中具有不低于 95％保证率的抗压强度值，用 $f_{cu,k}$ 表示。

混凝土强度等级是按照立方体抗压强度标准值来划分的。混凝土强度等级用符号 C 与立方体抗压强度标准值（以 MPa 计）表示，普通混凝土划分为 C15、C20、C25、C30、C35、C40、C45、C50、C55、C60、C65、C70、C75、C80 等 14 个等级。

不同工程或用于不同部位的混凝土，其强度等级要求也不相同，一般是：C25 级以下的混凝土，常用于一般的基础工程，如桥梁下部结构和隧道衬砌。C25 以上的混凝土，一般用于制造普通钢筋混凝土结构和预应力钢筋混凝土结构。

③混凝土轴心抗压强度（f_{cp}）。混凝土强度等级是采用立方体试件确定的。在结构设计中，考虑到受压构件是棱柱体（或是圆柱体），而不是立方体，所以采用棱柱体试件比用立方体试件更能反映混凝土的实际受压情况。由棱柱体试件测得的抗压强度称为轴心抗压强度。国家标准规定采用 150mm × 150mm × 300mm 的标准棱柱体试件进行抗压强度试验，也可采用非标准尺寸的棱柱体试件。当混凝土强度等级高于 C60 时，用非标准试件测得的强度值均应乘以尺寸换算系数，其值为对 200mm × 200mm × 400mm 的试件为 1.05；对 100mm × 100mm × 300mm 试件为 0.95。当混凝土强度等级高于 C60 时宜采用标准试件；使用非标准试件时，尺寸换算系数应由试验确定。通过多组棱柱体和立方体试件的强度试验表明：在立方体抗压强度 10～55MPa 的范围内，轴心抗压强度（f_{cp}）和立方体抗压强度（f_{cu}）之比为 0.70～0.80。

（2）混凝土的受压破坏机理。硬化后的混凝土在未受外力作用之前，由于水泥水化造成的物理收缩和化学收缩引起砂浆体积的变化，或者因泌水在集料下部形成水囊，而导致集料界面可能出现界面裂缝，在施加外力时，微裂缝处出现应力集中，随着外力的增大，裂缝就会延伸和扩展，最后导致混凝土破坏。混凝土的受压破坏实际上是裂缝的失稳扩展到贯通的过程。混凝土裂缝的扩展可分为如图4-2所示的四个阶段，每个阶段的裂缝状态示意图如图4-1所示。

①第Ⅰ阶段：当荷载到达"比例极限"（约为极限荷载的30%）以前，界面裂缝无明显变化（图4-1第Ⅰ阶段，图4-2Ⅰ）。此时，荷载与变形接近直线关系（图4-1曲线的OA段）。

②第Ⅱ阶段：当荷载超过"比例极限"以后，界面裂缝的数量、长度、宽度都不断扩大，界面借摩擦阻力继续承担荷载，但尚无明显的砂浆裂缝（图4-2Ⅱ）。此时，变形增大的速度超过荷载的增大速度，荷载与变形之间不再接近直线关系（图4-1曲线AB段）。

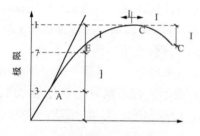

图4-1 混凝土受压变形曲线

③第Ⅲ阶段：当荷载超过"临界荷载"（约为极限荷载的70%～90%）以后，在界面裂缝继续发展的同时，开始出现砂浆裂缝，并将临近的界面裂缝连接起来成为连续裂缝（图4-2Ⅲ）。此时，变形增大的速度进一步加快，荷载-变形曲线明显地弯向变形轴方向（图4-1曲线BC段）。

④第Ⅳ阶段：当荷载超过极限荷载后，连续裂缝急速地扩展（图4-2Ⅳ）。此时，混凝土的承载力下降，荷载减小而变形迅速增大，以致完全破坏，荷载——变形曲线逐渐下降而最后结束（图4-1曲线CD段）。

因此，混凝土的受力破坏过程实际上是混凝土裂缝的发生和发展过程，也是混凝土内部结构由连续到不连续的演变过程。

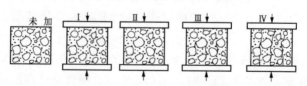

图4-2 不同受力阶段裂缝示意
Ⅰ—界面裂缝无明显变化；Ⅱ—界面裂缝增长；
Ⅲ—出现砂浆裂缝和连续裂缝；Ⅳ—连续裂缝迅速发展

2. 影响混凝土强度的因素

从前面的分析可知，混凝土受压时的破坏可能有三种形式：由于骨料发生劈裂（骨料强度小于胶凝材料强度时）引起的混凝土破坏；由于胶凝材料强度不足发生拉伸或剪切破坏引起的混凝土破坏；由于胶凝材料和骨料之间的黏结破坏引起的混凝土破坏。

普通混凝土所用骨料的强度一般都高于胶凝材料强度，故很少发生第一种形式的破坏。因此，混凝土的强度主要决定于胶凝材料的强度（或称水泥石强度）及其与骨料之间的黏结强度。

（1）胶凝材料强度和水胶比。这是影响混凝土强度的决定性因素。因为它决定了水泥石的强度及其与骨料之间的黏结力。提高胶凝材料的强度是提高混凝土弹性模量、增加与骨料黏结力的关键所在。随着胶凝材料强度的提高，可以延缓混凝土破坏过程中界面裂缝向砂浆中的延伸，同时由于胶凝材料强度提高，其弹性模量与骨料弹性模量间的差值降低，减少了外力作用下的横向变形差，从而降低了界面拉应力。

在其他条件相同情况下，当水胶比一定时，胶凝材料强度越高，所配制的混凝土强度越高；当胶凝材料强度一定时，水胶比越小，混凝土强度越高，反之亦然（见图 4-3）。这是因为胶凝材料的强度及其与骨料界面之间的黏结力主要取决于其组成及其孔隙率，而孔隙率又决定于水胶比。在工程中拌制混凝土时为满足施工流动性的要求，通常要加入较多的水（水胶比为 0.40～0.70），往往超过了胶凝材料水化的理论需水量（水胶比 0.23～0.25）。在混凝土硬化后，多余的水分蒸发或残留在混凝土中，形成孔隙或水泡，使胶凝材料及其与骨料之间的有效断面减弱，而且在孔隙周围还可能产生应力集中，导致混凝土强度降低。

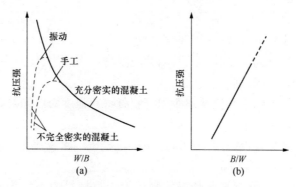

图 4-3　混凝土强度与水胶比及胶水比的关系
(a) 强度与水比的关系；(b) 强度与胶水党组织的关系

大量试验结果表明，在原材料一定的情况下，混凝土的强度与胶凝材料强度及胶水比之间的关系符合下列线性经验公式（又称保罗米公式）：

$$f_{cu,0} = \alpha_a f_b \left(\frac{B}{W} - \alpha_b \right) \qquad (4-12)$$

式中　$f_{cu,0}$——混凝土 28d 抗压强度，MPa；

　　　B——每立方米混凝土中胶凝材料用量，kg；

　　　W——每立方米混凝土中用水量，kg；

　　α_a、α_b——回归系数，与骨料品种、水泥品种有关，《普通混凝土配合比设计规程》（JGJ 55—2011）提供的数据如下：

　　　　　采用碎石：$\alpha_a = 0.53$，$\alpha_b = 0.20$；

　　　　　采用卵石：$\alpha_a = 0.49$，$\alpha_b = 0.13$；

　　　f_b——胶凝材料（水泥与矿物掺合料按使用比例混合）28d 胶砂抗压强度，MPa，试验方法应按现行国家标准《水泥胶砂强度检验方法（ISO 法）》（GB/T 17671—1999）执行；当无实测值时，可按下列规定确定：

①根据 3d 胶砂强度或快测强度推定 28d 胶砂强度关系式推定 f_b 值；

②当矿物掺合料为粉煤灰和粒化高炉矿渣粉时，可按式（4-13）推算 f_b 值：

$$f_b = \gamma_c \gamma_f \gamma_s f_{ce,g} \tag{4-13}$$

式中　γ_f、γ_s——粉煤灰影响系数和粒化高炉矿渣粉影响系数；

　　　$f_{ce,g}$——水泥强度等级值，MPa；

　　　γ_c——水泥强度等级富余系数，见表 4-8。

表 4-8　　　　　　　　　　水泥强度等级富余系数 γ_c

水泥强度等级值	32.5	42.5	52.5
富余系数	1.12	1.16	1.10

应用上述公式，可以解决以下两个问题：

第一，当混凝土的强度等级及所用的胶凝材料强度为已知时，可用公式或图解求得混凝土应采用的水胶比。

第二，当混凝土的水胶比及其所用的胶凝材料强度为已知时，可以由此预估混凝土 28d 所能达到的强度。

注意：保罗米公式仅适用于 C60 以下的混凝土（水胶比为 0.4～0.8）。

（2）骨料。

1）骨料种类：胶凝材料与骨料的黏结力还与骨料的表面状况有关。碎石表面粗糙，多棱角，与水泥石的黏结力比较强；卵石表面光滑，与水泥石的黏结力较小。因而在胶凝材料强度和水胶比相同的条件下，碎石混凝土强度高于卵石混凝土强度（高 3%～4%）。

2）骨料质量与级配：骨料的有害杂质少、质量高以及级配良好，则用其配制的混凝土的强度相应也高。

（3）养护条件。养护温度和湿度是决定水泥水化速度的重要条件。混凝土养护温度越高，水泥的水化速度越快，达到相同龄期时混凝土的强度越高，但是，初期温度过高将导致混凝土的早期强度发展较快，引起水泥凝胶体结构发育不良，水泥凝胶不均匀分布，对混凝土的后期强度发展不利，有可能降低混凝土的后期强度。较高温度下水化的水泥凝胶更为多孔，水化产物来不及自水泥颗粒向外扩散和在间隙空间内均匀地沉积，结果水化产物在水化颗粒临近位置堆积，分布不均匀影响后期强度的发展［见图 4-4（a）］。湿度对水泥的水化能否正常进行有显著的影响。湿度适当，水泥能够顺利进行水化，混凝土强度能够得到充分发展。如果湿度不够，混凝土会失水干燥而影响水泥水化的顺利进行，甚至停止水化，使混凝土结构疏松，渗水性增大，或者形成干缩裂缝，降低混凝土的强度和耐久性［见图 4-4（b）］。混凝土在自然养护时，为保持潮湿状态，一般在浇筑 12h 内（最好在 6h 后）覆盖并不断浇水，这样也同时能防止其发生不正常的收缩。

因此，施工规范规定，使用硅酸盐水泥、普通水泥和矿渣水泥时，浇水保湿不应少于 7d；使用火山灰水泥和粉煤灰水泥或在施工中掺用缓凝型外加剂或有抗渗要求时，不应少于 14d。目前有的工程，也有采用塑料薄膜养护的方法。

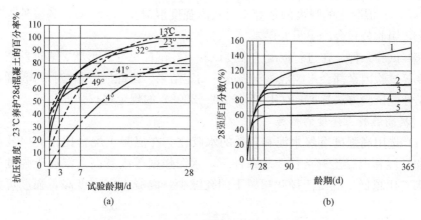

图 4-4　强度与养护温度、湿度关系
(a) 强度与养护温度关系图；(b) 强度与养护湿度关系图
1—长期保持潮湿；2—保持潮湿 14d；3—保持潮湿 7d；
4—保持潮湿 3d；5—保持潮湿 1d

（4）搅拌和捣实方法。机械搅拌不但比人工搅拌效率高得多，而且可以把混凝土拌得更加均匀，特别在拌和低流动性混凝土时更为显著。搅拌不充分的混凝土不但硬化后的强度低，而且强度变异也大。利用振捣器来捣实混凝土时，在满足施工和易性的要求下，其所需用水量比采用人工捣实时少得多。一般来说，当用水量愈少、水胶比愈小时，振捣效果也愈显著。当水胶比减小到某一限度以下时，若用人工捣固，由于难以捣实，混凝土的强度反而会下降。如采用高频或多频振动器来振捣，则可进一步排除混凝土拌和物中的气泡，使之更密实，从而获得更高的强度。当水胶比或流动性逐渐增大时，振动捣实的效果就不明显了。

（5）龄期。龄期是指混凝土在正常养护条件下所经历的时间。混凝土的强度随龄期的增长而增长，最初 7～14d 内强度增长较快，以后逐渐减慢，28d 以后强度发展趋于平缓。但只要温度、湿度条件合适，28d 以后混凝土的强度仍有所增长，其规律与水泥相似。因此混凝土以 28d 龄期的强度作为质量评定依据。

在标准养护条件下，混凝土强度与龄期的对数间符合式（4-14）：

$$f_n = f_{28} \frac{\lg n}{\lg 28} \tag{4-14}$$

式中　f_n——n 天龄期混凝土的抗压强度，MPa；

　　　f_{28}——28 天龄期混凝土的抗压强度，MPa；

　　　n——养护龄期（$n \geqslant 3$），d。

应该注意，该公式仅适用于在标准条件下养护的用普通水泥制成的中等强度（C20～C30）混凝土的强度的估算。对较高强度混凝土（$\geqslant$C35）和掺外加剂的混凝土，用此公式会产生很大误差。

（6）试验条件。在进行混凝土强度试验时，试件尺寸、形状、表面状态、加荷速度等试验因素都会影响混凝土强度的测定结果。因此应严格按照《普通混凝土力学性能试验方法标准》（GB/T 50081—2002）的规定进行强度测定。

3. 提高混凝土强度的措施

（1）选用高强度等级水泥和较低的水胶比。在混凝土配合比相同以及满足施工和易性和混凝土耐久性要求条件下，水泥强度等级越高，混凝土强度也越高；水胶比越低，混凝土硬化后留下的孔隙少，混凝土密实度高，强度可显著提高。

（2）选用质量与级配良好的骨料。质量与级配良好的骨科可有效提高混凝土强度。

（3）掺入减水剂、掺合料。在混凝土中掺入减水剂，可减少用水量，提高混凝土强度；掺入掺合料，在低水胶比下（与减水剂共掺）配制混凝土是提高强度的重要技术途径。（可改善集料与水泥浆体的界面过渡层结构，减少氢氧化钙含量，改善混凝土诸多性能）。

一般来说，掺入矿物细掺料，能提高混凝土后期强度，但是掺加硅灰既能够提高混凝土的早期强度，又能够提高混凝土的后期强度。

（4）采用湿热处理。

1）蒸汽养护。将混凝土放在低于 100℃ 的常压蒸汽中养护，经 16～20h 养护后，其强度可达正常条件下养护 28d 强度的 70%～80%。蒸汽养护最适合于掺活性混合材料的矿渣水泥、火山灰水泥、粉煤灰水泥及复合水泥，因为在湿热条件下，可加速活性混合材料与水泥水化析出的氢氧化钙的化学反应，使混凝土不仅提高早期强度，而且后期强度也得到提高，28d 强度可提高 10%～40%。

2）蒸压养护。将混凝土置于 175℃ 及 8 个大气压的蒸压釜中进行的养护。主要适用于生产硅酸盐制品，如加气混凝土、蒸压粉煤灰砖、灰砂砖等。

3）采用机械搅拌与振捣。

前已述及，采用机械搅拌与振捣可以提高混凝土的强度。采用机械振捣时，可暂时破坏水泥浆的凝聚结构，降低水泥浆的黏度和集料的摩擦力，提高拌和物的流动性，并把空气排出，使混凝土内部孔隙大大减少，从而提高混凝土的密实度和强度。

4.2.3　试验方案

（1）针对混凝土强度的龄期测试推算问题，考虑混凝土强度的 14 个强度等级，以 C15/C20/C25/C30 为低强组、以 C35/C40/C45/C50/C55 为中强组、以 C60/C65/C70/C75/C80 为高强组，共制作各等级试块 210 个（14×5×3＝210），将其 3d、7d、14d、28d、60d 强度进行对比测试，研究了不同龄期强度之间的推算值，实测值的关系，重点是验证龄期强度呈对数关系增长这一规律的符合性和可靠性，更好地保障混凝土强度测试及推算的可靠度。

（2）结合南阳市温凉河河道整治拦河坝实际工程的混凝土配制、测试、推算、实测数据在充分考虑其他各因素的影响下，对龄期的影响提出一种结合强度等级和可靠度要求的简化处理方法，具有重大的理论价值和突出的实用意义。

4.2.4　试验结果分析

1. 龄期关系试验结果

（1）低强组。低强组数据见表 4-9。

表 4-9　　　　　　　低强组数据

数据 ＼ 龄期	3d	7d	14d	28d	60d
实测值/MPa	8.2	13.9 (14.53)	19.1 (19.7)	22.5 (24.88)	27.4 (30.57)
C15 试配 21.6 推测值	7.1	12.6	17.1	21.6	26.5
推测值偏差（%）	+15.5	+10.3	+11.7	+4.2	+3.4
实测值/MPa	10.1	17.1 (18.8)	23.7 (26.1)	27.6 (30.6)	33.8 (37.2)

续表

数据 ＼ 龄期	3d	7d	14d	28d	60d
C20 试配 26.6 推测值	8.8	15.5	21.1	26.6	32.7
推测值偏差（%）	+14.5	+10.2	+12.5	+3.7	+3.3
实测值/MPa	12.3	21.6 (21.8)	29.4 (29.6)	34.4 (37.3)	42.5 (45.8)
C25 试配 33.2 推测值	10.9	19.4	26.3	33.2	40.8
推测值偏差（%）	+12.5	+11.5	11.6	3.5	3.4
实测值/MPa	13.9	24.6 (24.6)	33.1 (33.4)	39.7 (42.2)	48.6 (51.8)
C30 试配 38.2 推测值	12.6	22.2	30.2	38.2	46.9
推测值偏差（%）	+10.5	+10.8	+9.6	+3.8	+3.6

注：碎石采用 5～20mm 的蒲山石子，白河中砂，32.5 水泥 28d 强度实测值 38MPa。

（2）中强组。中强组数据见表 4-10。

表 4-10　　　　　　　　　　中强组数据

数据 ＼ 龄期	3d	7d	14d	28d	60d
实测值/MPa	13.6	24.4 (24.1)	32.7 (32.7)	40.6 (41.2)	50.4 (53.7)
C35 试配 43.2 推测值	14.3	25.1	34.1	43.2	53.1
推测值偏差（%）	−4.9	−2.8	−4.1	−6.0	−5.1
实测值/MPa	16.6	27.5 (29.4)	39.1 (39.9)	45.1 (50.4)	64.7 (61.9)
C40 试配 48.2 推测值	15.9	27.9	38.1	48.2	59.2
推测值偏差（%）	+4.4	−1.4	+2.6	−6.4	+9
实测值/MPa	18.8	31.8 (33.3)	43.0 (45.2)	54.8 (57.0)	67.7 (70.1)
C45 试配 53.2 推测值	17.6	30.9	42.0	53.2	65.4
推测值偏差（%）	+6.8	+2.9	+2.4	+3.0	+3.5
实测值/MPa	21.2	35.4 (37.6)	50.5 (50.9)	65.0 (64.3)	77.4 (79.0)
C50 试配 59.9 推测值	19.8	34.9	47.3	59.9	73.7
推测值偏差（%）	+7.0	+1.4	+6.8	+8.5	+5.0
实测值/MPa	22.7	38.5 (40.2)	50.5 (54.5)	63.4 (68.9)	78.4 (84.6)
C55 试配 64.9 推测值	21.4	37.6	51.3	64.9	79.8
推测值偏差（%）	+6.0	+2.5	−1.5	−2.3	−1.8

注：碎石采用 5～20mm 的蒲山石子，白河中砂，42.5 水泥 28d 强度实测值 46MPa。

（3）高强组。高强组数据见表 4-11。

表 4-11 高强组数据

数据 \ 龄期	3d	7d	14d	28d	60d
实测值/MPa	21.8	38.6 (38.6)	55.0 (52.4)	72.0 (66.1)	85.3 (81.2)
C60 试配 69.9 推测值	23.1	40.5	55.2	69.9	85.9
推测值偏差（%）	−5.6	−4.7	−0.4	+3.0	−0.7
实测值/MPa	23.0	41.2 (40.7)	58.5 (55.3)	76.4 (69.8)	90.7 (85.7)
C65 试配 74.9 推测值	24.7	43.4	59.2	74.9	92.1
推测值偏差（%）	−6.8	−5.1	−1.2	+2.0	−1.5
实测值/MPa	24.5	43.8 (43.4)	61.8 (58.9)	80.9 (74.4)	99.4 (91.4)
C70 试配 79.9 推测值	26.4	46.3	63.1	79.9	98.3
推测值偏差（%）	−7.1	−5.5	−2.1	+1.2	+1.1
实测值/MPa	26.1	46.4 (46.2)	65.8 (62.7)	85.6 (79.2)	105.8 (97.3)
C75 试配 84.9 推测值	28.0	49.2	67.1	84.9	104.4
推测值偏差（%）	−6.9	−5.6	−1.9	+0.80	+1.3
实测值/MPa	27.4	49.3 (51.8)	75.8 (70.2)	98.6 (88.7)	123.0 (108.9)
C80 试配 89.9 推测值	29.7	52.1	71.0	89.9	110.6
推测值偏差（%）	−7.8	−5.3	+6.8	+9.7	+11.2

注：碎石采用 5～20mm 的蒲山石子，白河中砂，52.5 水泥 28d 强度实测值 58MPa。

2. 分析

（1）C15、C20、C25、C30 组以 3d 实测强度用对数关系推测其他龄期强度，见括弧内数据，均高于实测值，约高出 10%，故建议以龄期强度推测值乘以 0.90 的修正系数，用以估算各龄期强度，可靠性在 90% 以上。对数龄期回归非线性系数均未达到强度等级的 10%。

（2）C35、C40、C45、C50、C55 组以 3d 实测强度用对数关系推测其他龄期强度，见括弧内数据，均高于实测值，高出 3%～6%，故建议以龄期强度推测值乘以 0.95 的修正系数，用以估算各龄期强度，可靠性在 95% 以上。对数龄期回归非线性系数均未达到强度等级的 5%。

（3）C60、C65、C70、C75、C80 组以 3d 实测强度用对数关系推测其他龄期强度，见括号数据，均低于实测值，约低 10%，故建议以龄期强度推测值乘以 1.05～1.10 的修正系数，用以估算各龄期强度，可靠性在 88% 以上。对数龄期回归非线性系数均在强度等级的 4%～13%，只有 C80 的非线性系数超出强度等级的 12%，其他均在 7% 以下。

（4）原因分析。

1）低强组胶水比小，早期强度发展快，3d 强度偏高，推测结果偏高，故需要修正降低。

2）中强组胶水比适当，早期强度偏高幅度较小，修正降低系数大，调幅小。

3）高强组胶水比大，早期强度发展慢，3d 强度偏低，推测结果偏低，故需要修正调高，调增系数可在 1.05～1.10 适当选择，可考虑强度等级高者选较大值。

4）高强组可靠性偏低、波动性大，与平时生产这类等级的混凝土概率较低，稳定性较差有关。

3. 拆模时间的控制

按照强度龄期发展规律，7d 强度可达 58%，14d 可达 79%，一般设计要求达到 75%设计强度可以拆模，施工中的养护条件不同于标养条件，标养条件下 12～13d 可达 75%，自然养护条件下时间有可能提前或者延迟。

4.2.5　结论

针对混凝土强度的龄期测试推算问题，考虑混凝土强度的 14 个强度等级，将其 3d、7d、14d、28d、60d 强度进行对比测试，研究了不同龄期强度之间的推算值、实测值的关系，重点是验证龄期强度呈对数关系增长这一规律的符合性和可靠性，更好地保障混凝土强度测试及推算的可靠度。结果表明 C60（MPa）以上混凝土符合性较差，可靠度低于 88%。

4.3　保罗米强度公式回归系数问题

4.3.1　实验目的

在进行混凝土配合比设计时，根据混凝土构件强度的设计值，结合原材料性能指标和特征，考虑强度的波动性和设计保证率，计算出实际施工的配制强度，运用现行设计规程，主要是用修改版的保罗米强度公式进行胶水比的反算和耐久性验算，再运用体积法或者质量法进行计算，得到各项材料用量初始值，以初始值为基础经工作性、强度等调整、检测后，可以成为实验室室内配合比，最后结合拌制现场砂石料含水状况，转化为施工时的配合比，以此作为生产质量控制的依据。

4.3.2　实验方案

在进行混凝土配合比设计时，根据混凝土构件强度的设计值，结合原材料性能指标和特征，考虑强度的波动性和设计保证率，计算出实际施工的配制强度，运用现行设计规程，主要是用修改版的保罗米强度公式进行胶水比的反算和耐久性验算，再运用体积法或者质量法进行计算，得到各项材料用量初始值，以初始值为基础经工作性、强度等调整、检测后，可以成为实验室内配合比，最后结合拌制现场砂石料含水状况，转化为施工时的配合比，以此作为生产质量控制的依据。本阶段的问题主要是强度估算公式中的参数是由设计规程根据大量试配数据数理统计结果给出的，就全国而言，其代表性较好，而就某一区域而言，针对性未必很强，出现强度估计偏差的概率较高，这就涉及运用保罗米公式的可靠性问题。本项目结合南阳原材料情况通过制作 30 组（碎石 15 组、卵石 15 组）不同水胶比（水胶比在 0.4～0.6）的 90 个试块，测试强度，运用线性回归的方式确定其参数，并评价其可靠性。

4.3.3　实验数据分析

（1）碎石组参数回归分析（15 组试块），见表 4-12。

表 4-12　　　　　　　　　碎石组参数回归分析数据

水胶比	0.40	0.45	0.50	0.55	0.60	回归系数 a	回归系数 b
32.5 中联水泥	41.2	37.4	33.7	30.5	27.9	0.54	0.18
42.5 中联水泥	49.9	45.3	41.1	37.2	34.0	0.55	0.18
52.5 中联水泥	62.9	56.7	51.8	46.9	42.8	0.54	0.17

注：碎石采用 5～20mm 的蒲山石子，白河中砂，32.5 水泥 28d 强度实测值 38MPa，42.5 水泥 28d 强度实测值 46MPa，52.5 水泥 28d 强度实测值 58MPa。

（2）卵石组参数回归分析（15 组试块），见表 4-13。

表 4-13　　　　　　　　　卵石组参数回归分析数据

水胶比	0.40	0.45	0.50	0.55	0.60	回归系数 a	回归系数 b
32.5 中联水泥	39.6	35.9	32.4	29.3	26.8	0.50	0.11
42.5 中联水泥	47.7	43.5	39.5	35.7	32.6	0.50	0.12
52.5 中联水泥	60.4	54.4	49.7	45.0	41.1	0.50	0.11

注：卵石采用 5～20mm 的白河石子，白河中砂，32.5 水泥 28d 强度实测值 38MPa，42.5 水泥 28d 强度实测值 46MPa，52.5 水泥 28d 强度实测值 58MPa。

（3）分析。

由以上数据可得出以下结论。

1）碎石组强度同比高于卵石组 3%～5%。

2）试验实测值强度相比保罗米公式预估强度约高出 6%。

3）原因分析：南阳本地砂石资源、级配状况优于全国平均水平。

4）参数取值建议。

碎石采用：$a=0.54$ $b=0.18$ 规程建议值 $a=0.50$ $b=0.20$

卵石采用：$a=0.50$ $b=0.12$ 规程建议值 $a=0.49$ $b=0.13$

5）可靠性。胶水比与实测强度之间的线性相关水平显著，根据相关系数检验表判断，可靠性应在 $80\%\sim90\%$。

4.3.4 结论

本阶段的问题主要是强度估算公式中的参数是由设计规程根据大量试配数据数理统计结果给出的，就全国而言，其代表性较好，而就某一区域而言，针对性未必很强，出现强度估计偏差的概率较高，这就涉及运用保罗米公式的可靠性问题。南阳地区砂石料状况较好，参数调整后强度较高，而用保罗米公式估强约偏低 6%。

4.3.5 工程实例验证

1. 工程概况

南阳市温凉河综合治理河道疏浚、河底处理、景观坝、拦河闸工程施工内容为：6.0km 长河道疏浚、河底处理、6 座景观坝、监控及控制、景观照明、亲水平台、硬质景观节点等工程。

本标段施工内容为 6 座景观坝工程（包含钢坝闸设备采购及安装工程）。

2. 混凝土工程施工方法

（1）施工总体思路。本标段混凝土工程主要为河道建筑物，拟采用 JS750 型混凝土强制式搅拌机统一拌和，混凝土浇筑时采用人工摊铺、整平、振捣、抹面，最后人工洒水养护。入仓高度超过 2m 的混凝土浇筑需采用吊罐浇筑，并配溜筒施工。

（2）混凝土施工程序。

测量放样→模板安装→绑扎钢筋→埋件安置→仓位验收→混凝土拌制→混凝土运输→混凝土入仓→平仓→机械振捣→抹面→模板拆除→养护

3. 模板

（1）一般要求。

1）模板和支架材料大部分为钢材，不规则的模板采用木模板，钢模板面要光滑、平整，模板的支撑件要符合有关规定要求。

2）施工脚手架采用钢管扣件脚手，混凝土施工模板迎水面及混凝土外露面以钢模板为主，不足模数部分采用竹胶模板。

3）为保证混凝土外露面平整光洁，模板缝采用双面胶带密封，防止漏浆挂帘，钢模板安装前进行除锈，涂脱模剂等处理。

4）模板拉筋采用 $\phi16$ 对拉螺栓，螺栓间距纵横 $0.8\sim0.9$m。

（2）施工工艺。

1）按照施工图纸的要求进行模板的安装放样，对于一些比较重要的结构设置必要的控制点，以便检查校正，安装好的模板要有足够的强度和稳定性，允许偏差要符合要求。模板在使用前要清洗干净。

2）模板的拆除要在混凝土的强度达到规定要求后方可进行，拆除后的模板和支撑材料要及时进行维修保养，并摆放整齐，以便下次使用。

4．钢筋

（1）一般要求。

1）所有钢筋进场必须有出厂合格证，并经复检合格后方可使用。现场材料的标识应按规格、种类，分别堆放挂牌，并做好保护工作。

2）所有电焊工均应有上岗证，并在试焊合格后方可上岗操作，所有焊接均按规定的批量抽取试件，试验合格后方可使用，所有连接接头应按规定做好质量检查和质量评定。

3）钢筋表面应洁净无损伤，油漆污染和铁锈应在使用前清除干净。带有颗粒状或片状老锈的钢筋不得使用。

4）钢筋下料长度应考虑钢筋弯曲调整值，弯曲钢筋弯曲直径不小于钢筋直径的 5 倍。

5）主筋与箍筋交接处应将四角点全部绑扎牢固，其他部分可间隔绑扎。箍筋的接头在柱中，应注意环向交错布置，在梁中应纵向交错布置，箍筋的绑扎应与主筋互相垂直，不得滑落偏斜，四角与主筋平贴紧密，位置正确，箍筋间距必须符合设计要求。圆钢筋制成箍筋的末端弯钩长度见表 4 - 14。

表 4 - 14　　　　　　　　　圆钢筋制成箍筋的末端弯钩长度

箍筋直径/mm	受力钢筋直径	
	<25	28～40
5～10	75	90
12	90	105

6）钢筋应平直，无局部弯曲，钢筋的调直应遵守以下规定：

①采用冷拔方法调直钢筋时，Ⅰ级钢筋的冷拉率不宜大于 2%。Ⅱ级钢筋的冷拉率不宜大于 1%。

②冷拔低碳钢丝在调直机上调直后，其表面不得有明显擦伤，抗拉强度不得低于施工图纸的要求。

③钢筋加工的尺寸应符合施工图纸的要求，加工后钢筋的允许偏差不得超过表 4 - 15 的数值。

表 4-15   **加工后钢筋的允许偏差**

序号	偏差名称	允许偏差值/mm
1	受力钢筋全长净尺寸的偏差	±10
2	箍筋各部分长度的偏差	±5
3	钢筋弯起点位置的偏差	±20
4	钢筋转角的偏差	3

（2）施工工艺。

1）钢筋弯曲成形前必须先做样板，经检查合格后照样进行加工。

2）钢筋在加工厂按设计图纸集中加工配制，然后运至现场架立、绑扎、焊接。

3）为保证钢筋保护层厚度，钢筋保护层用预制混凝土垫块，其厚度等于设计保护层厚度。垫块的平面尺寸：当保护层厚度小于或等于 20mm 时为 30mm×30mm，大于 20mm 时为 50mm×50mm。当在垂直方向使用垫块时，可在垫块中埋入 20 号铁丝，用于绑扎在钢筋上。底层钢筋采用预制混凝土块支垫，支垫间距 1.2m，梅花形布置。

面层钢筋采用角钢∠40×40×3 架立支撑，支撑底端埋入前期混凝土中，顶端与面层钢筋焊接，支撑间距 1.5m，梅花形布置。

4）纵横向钢筋靠四边两行每一交接点全部绑扎牢固，中间部分可间隔绑扎。每排错开，双方主筋交接点则应全部绑扎。绑扎钢筋拧扣应拧两转以上，以防松动，并随手将绑扎铅丝拧向骨架内部。绑扎骨架时，必须采用交叉十字扣，以保证骨架稳定不变形。绑扎柱墙竖向钢筋时，应隔 1.5～2m 高度，用铅丝将钢筋固定在模板上。

5）钢筋为隐蔽工程，经检验合格后方可浇筑混凝土。

5. 混凝土施工

（1）主要材料。

1）水泥。

①水泥质量应满足 GB 175—2007XG2—2015 的各项指标要求，氧化镁含量应在 3.5%～5.0% 范围内，水泥中碱含量不应超过 0.6%，SO_3 含量控制在 1.4%～2.2%，水化热 3d 不应超过 251kJ/kg，7d 不应超过 293kJ/kg。

②发货：每批水泥出厂前，承包人均应对制造厂水泥的品质进行检查复验，每批水泥发货时均应附有出厂合格证和复检资料。每批水泥运至工地后，监理人有权对水泥进行查库和抽样检测，当发现库存或到货水泥不符合本技术条款的要求时，监理人有权通知承包人停止使用。

③运输：水泥运输过程中应注意其品种和强度等级不得混杂，承包人应采取

有效措施防止水泥受潮。

④储存：到货的水泥应按不同品种、强度等级、出厂批号、袋装或散装等，分别储放在专用的仓库中，防止因储存不当引起水泥变质。袋装水泥的出厂日期不应超过 3 个月，散装水泥不应超过 6 个月，快硬水泥不应超过 1 个月，袋装水泥的堆放高度不得超过 10 袋。

2）水：凡符合饮用标准的水均可用于拌和与养护混凝土，拌和用水采用井水。

3）骨料。

①混凝土骨料应按监理人批准的料源进行生产，对含有活性成分的骨料必须进行专门试验论证，并经监理人批准后，方可使用。

②不同粒径的骨料应分别堆存，严禁相互混杂和混入泥土；装卸时，粒径大于 40mm 的粗骨料的净自由落差不应大于 3m，应避免造成骨料的严重破碎。

③细骨料的质量技术要求规定如下：

Ⅰ细骨料的细度模数，应在 2.4～3.0 范围内，测试方法按 SD 105—82 第 3.0.1 条的规定进行；

Ⅱ砂料应质地坚硬、清洁、级配良好，使用山砂、特细砂应经过试验论证；

Ⅲ天然砂料按粒径分为两级，人工砂可不分级；

Ⅳ砂料中有活性骨料时，必须进行专门试验论证；

Ⅴ其他砂的质量技术要求应符合 SDJ 207—82 表 4.1.13 中的规定。

④粗骨料的质量要求应符合以下规定：

Ⅰ粗骨料的最大粒径，不应超过钢筋最小净间距的 2/3 及构件断面最小边长的 1/4，素混凝土板厚的 1/2，对少筋或无筋结构，应选用较大的粗骨料粒径。

Ⅱ施工中应将骨料按粒径分成下列几种级配：

二级配：分成 5～20mm 和 20～40mm，最大粒径为 40mm；

三级配：分成 5～20mm、20～40mm 和 40～80mm，最大粒径为 80mm；

采用连续级配或间断级配，应由试验确定并经监理人同意，如采用间断级配，应注意混凝土运输中骨料的分离问题。

Ⅲ含有活性骨料、黄锈等的粗骨料，必须进行专门试验论证后，才能使用。

Ⅳ其他粗骨料的质量要求应符合 SDJ 207—82 中表 4.1.14 的规定。

4）粉煤灰和其他活性掺合料。

①承包人应按施工图纸要求和监理人指示采购用于混凝土中的活性掺合料，承包人应将拟采购的活性材料供应厂家、材料样品、质量证明书和产品使用说明书报送监理人。

②活性材料应通过试验验证，其质量指标应符合监理人指定的有关标准。

③掺合料的运输和储存，应严禁与水泥等其他粉状材料混装，以避免交叉

污染。

5）外加剂。

①用于混凝土中的外加剂（包括减水剂、加气剂、缓凝剂、速凝剂和早强剂等），其质量应符合 DL/T 5100—1999 第 4.1.1 条～第 4.1.4 条的规定。

②应根据混凝土的性能要求，结合混凝土配合比的选择，通过试验确定外加剂的掺量，其试验成果应报送监理人。

（2）混凝土拌和。混凝土在拌和站集中拌制，拌和前通过试验确定配合比、拌和时间等参数。水灰比的最值、混凝土在浇点的坍落度、混凝土的拌和时间应分别满足表 4-16～表 4-18 要求。

表 4-16　　　　　　　　　　水灰比最大允许值

混凝土部位	寒冷地区	温和地区
水位以上	0.6	0.65
水位变化区	0.5	0.55
最低水位以下	0.55	0.6
基础	0.55	0.6
受水流冲刷部位	0.5	0.5

表 4-17　　　　　混凝土在浇筑地点的坍落度（使用振捣器）

建筑物的性质	标准圆坍落度/cm
水工素混凝土或少筋混凝土	3～5
配筋率不超过 1% 的钢筋混凝土	5～7
配筋率超过 1% 的钢筋混凝土	7～9

表 4-18　　　　　　　　混凝土纯拌和时间　　　　　　　　（min）

拌和机进料容量/m³	最大骨料粒径/mm	坍落度/cm		
		2～5	5～8	>8
0.75	40	—	2.5	2.0

（3）混凝土运输。运输混凝土的运输设备和运输能力，应与拌和、浇筑能力、仓面具体情况及钢筋、模板运输的需要相适应，以保证混凝土运输的质量，充分发挥设备效率。并且使混凝土在运输过程中不致发生分离、漏浆、严重泌水及过多降低坍落度等现象。

本标段混凝土集中拌和，水平运输采用 $12m^3$ 罐车运输。垂直运输采用起重机配 $0.6m^3$ 吊罐运输。

（4）一般要求。

1）浇筑混凝土前，应详细检查模板、钢筋、预埋件及止水设施等是否符合设计要求，并应做好记录。

2）浇筑混凝土时，严禁在仓内加水。如发现混凝土和易性较差时，必须采取加强振捣等措施，以保证混凝土质量。不合格的混凝土严禁入仓，已入仓的不合格的混凝土必须清除。

3）混凝土浇筑应保持连续性，如因故中止且超过允许间歇时间，则应按工作缝处理。其处理方法为，在老混凝土表面用压力水、风砂枪或刷毛机等加工成毛面并清洗干净，排除积水后，先铺一层 $2\sim3cm$ 的水泥砂浆，砂浆的水灰比应较混凝土的水灰比减少 $0.03\sim0.05$，一次铺设的砂浆面积应与混凝土浇筑强度相适应。

4）混凝土的浇筑层厚度，应根据拌和能力、运输距离、浇筑速度、气温及振捣器的性能等因素确定。混凝土振捣时间，以混凝土不再显著下沉、不出现气泡，并开始泛浆时为准。振捣器前后两次插入混凝土中的间距，应不超过振捣器有效半径的 1.5 倍。振捣器的有效半径根据试验确定。振捣器宜垂直插入混凝土中，按顺序依次振捣，振捣上层混凝土时，应将振捣器插入下层混凝土 5cm 左右，以加强上下层混凝土的结合。振捣器距模板的垂直距离，不应小于振捣器有效半径的 1/2，并不得触动钢筋及预埋件。

5）混凝土浇筑仓内，无法使用振捣器的部位，如止水片周围，应辅以人工捣固，使其密实。

6）混凝土浇筑的最大厚度和允许间歇时间不得大于规范中的允许值。在斜面上浇筑混凝土时应从最低开始，直至保持水平面。

6. 拦河闸混凝土浇筑方法

本标段拦河闸混凝土主要为铺盖混凝土、闸室压灌桩混凝土、底板及闸墩混凝土、消力池混凝土、上下游边墙混凝土。

（1）铺盖混凝土施工。铺盖混凝土浇筑时按图纸分缝分仓，跳仓浇筑。

铺料时，仓面搭建脚手架操作平台，混凝土入仓后采用人工平仓，振捣采用 ZX30 插入式振捣器振捣，振捣时间以混凝土表面不再显著下沉，表面出现气泡，开始泛浆为准。振捣器移动距离不超过其有效半径的 1.5 倍。振捣形式采用梅花形或方格形，振捣过程中不得触及止水和模板，面层采用 ZB2.2 平板振捣器振捣。

（2）压灌桩混凝土施工。

1）钻机就位。每根桩就位前应核对图纸与桩位，确保就位符合设计要求。

钻机必须铺垫平稳，确保机身平整，钻杆垂直稳定牢固，钻头对准桩位。钻尖与桩点偏移不得大于10mm。垂直度控制在1%以内。

2）开钻、清泥。开钻前必须检查钻头上的楔形出料口是否闭合，严禁开口钻进，钻头直径控制在400（450）±20mm，钻尖接触地面时，下钻速度要慢，钻进速度为1.0～1.5m/min或根据试桩确定。成孔过程中，一般不得反转和提升钻杆，如需提升钻杆或反转应将钻杆提升至地面，对钻尖开启门须重新清洗、调试、封口。进入软硬层交界时，应保证钻杆垂直，缓慢进入，在含有砖块、杂填土层或含水量较大的软塑性土层钻进时，应尽量减少钻杆晃动，以免孔径变化异常，钻进时注意电流变化状态，电流值超越操作规程时，应及时提升排土，直至电流变为正常状态，钻出的土应随钻随清，钻至设计标高时，应将钻杆周围土方清除干净，钻进过程中应随时检查钻杆垂直度，确保钻杆垂直，并做好记录。

3）终孔。钻到设计标高后，应由质检人员进行终孔验收，经验收合格并做好记录后，进行压灌混凝土作业。

4）混凝土拌制进场。

5）地泵输送混凝土。地泵与钻机距离一般应控制在60m以内。混凝土的泵送要连续进行，当钻机移位时，地泵内的混凝土应连续搅拌，泵送混凝土时，应保持斗内混凝土的高度，不得低于40cm。

6）压灌成桩。成孔至设计深度后开启定心钻尖，接着压入制备好的坍落度为18±2cm混凝土，而后边压灌边提钻。压灌混凝土的提钻速度由桩径直径、输灰系统管线长度、内径尺寸、单台搅拌机一次输灰量在孔中的灌入高度、供灰速度等因素确定。压灌与钻杆提升配合好坏，将严重影响桩的质量，如钻杆提升晚将造成活门难以打开，致使泵压过大，憋破胶管，如钻杆提升快，将使孔内产生负压，流砂涌入产生沉渣而削弱桩的承载力，因此要求压灌与提升的配合要恰到好处。一般提升速度为2m/min或现场试桩全地确定。

成桩后立即吊放钢筋笼，在钢筋笼内套上振动棒将钢筋笼深度范围内的混凝土振捣密实。清理孔口，封护桩顶。按施工顺序放下一个桩位，移动桩机进行下一根桩的施工。

（3）闸室底板混凝土施工。底板混凝土浇筑时，按设计图纸分块分仓跳仓浇筑，各段连接缝均设止水及闭孔泡沫塑料板。混凝土板浇筑前清理仓面，检查模板和钢筋安装情况。经监理验仓合格后进行混凝土浇筑。浇筑时混凝土由拌和站统一拌和，6m³混凝土搅拌车水平运输，8t履带起重机配0.6m³料罐入仓，人工配合卸料。混凝土振捣内部采用ZX-30插入式振动器振捣，面层采用平板振捣器振捣，人工抹面收光。

（4）闸墩及上下游边墙混凝土浇筑。闸墩及上下游边墙混凝土浇筑入仓采用

8t 履带起重机配 0.6m³ 料罐吊运入仓，高度超过 2m 的仓面挂设溜筒，混凝土通过溜筒缓缓入仓。

混凝土浇筑时分层浇筑，分层厚度以 30～50cm 均匀上升，人工平仓，ZX-50 插入式振捣器振捣。为控制混凝土对模板的侧压力，在混凝土浇筑过程中要将混凝土的竖向浇筑速度严格控制在规范允许范围以内。

为确保混凝土浇筑的外观质量，同时采用二次振捣法解决混凝土表面气泡和泛砂现象，保证混凝土拆模后外表面达到优良标准。混凝土振捣时，振捣棒要离模板一定距离，经常检查模板的垂直度，钢筋的位置，发现问题及时纠正。

7. 抹面及养护

（1）抹面。

1）成立混凝土抹面专业作业组，由多次参加类似工程施工且具有丰富抹面操作经验的技术工人组成，抹面人员三班制作业，24h 不停，抓住收面最佳时机，每仓抹面不少于三遍。

2）混凝土振捣密实以后，先用磨光机收面，表面多余水分及时用真空脱水装置吸干，再由人工进仓内用手抹子收面，直至初凝结束。

（2）养护。

1）针对本工程建筑物的不同情况，按监理人指示选用洒水或薄膜进行养护。采用洒水养护，应在混凝土浇筑完毕后 12～18h 内开始进行。

2）在干燥气候条件下，应延长养护时间至少 28d 以上。

3）洒水养护开始养护时间：由温度决定，当最高气温低于 25℃时，浇捣完毕 12h 内覆盖并洒水养护。当最高气温高于 25℃时，浇筑完毕 6h 内覆盖并洒水养护。

4）洒水次数：应能保持足够的湿润状态，养护初期水泥水化作用较快，洒水次数要多。气温高时，也应增加洒水次数。

5）薄膜养护：待混凝土终凝后，先喷混凝土养护液（涂料应不影响混凝土质量），形成养护薄膜，再及时覆盖塑料薄膜。使用薄膜养护液应注意防止工人中毒。采用薄膜养护的部位，必须报监理人批准。

8. 模板拆除、清理

钢模板在每次使用前清洗干净，为防锈和拆模方便，减少钢模板与混凝土面的吸附力，在钢模面板面上涂刷矿物油类的防锈保护涂料，防止影响混凝土或钢筋混凝土的质量。

模板拆除时限，除符合施工图纸的规定外，还按照下列规定：不承重侧面模板的拆除，应在混凝土强度达到其表面及棱角不因拆模而受损坏时，方可拆除；在墩、墙和柱部位在其强度不低于 3.5MPa 时，方可拆除。底模在混凝土强度达到表 4-19 的规定后，方可拆除。

表 4 - 19　　　　　　　　　　底模拆除标准

结构类型	结构跨度/m	按设计的混凝土强度标准值的百分率计（%）
板	≤2	50
	>2, ≤8	75
	>8	100
梁、拱、壳	≤8	75
	>8	100
悬臂结构	≤2	75
	>2	100

经计算和试验复核，混凝土结构实际强度已能承受自重及其他实际荷载时，报经监理人批准后，再进行提前拆模。

9. 排水设施

（1）排水设施的型式、尺寸、位置和材料规格应符合本工程施工图纸规定和监理人的指示。

（2）施工图纸规定在地基内钻设的排水孔，其允许偏差应符合下列规定：

1）孔的平面位置与设计位置的偏差不得大于 10cm。

2）孔的倾斜度：深孔不得大于 1%，浅孔不得大于 2%。

3）孔的深度误差应小于孔深的 2%。

10. 埋件埋设

在混凝土浇筑前，根据设计要求和图纸进行各种预埋件、插筋等设施的埋设和安装等，经监理人检验合格后，方可进行混凝土浇筑。

11. 伸缩缝制作安装

混凝土浇筑前按照图纸要求进行下料，将加工好的伸缩缝用细扎丝固定在钢模板上，木模板用小钉钉在模板上，伸缩缝上预留与混凝土相连的扎丝或小钉，混凝土浇筑完成后伸缩缝就与混凝土紧紧相连。浇筑混凝土时人工先上伸缩缝附近的混凝土，上料时避免伸缩缝断裂和起皱，拆模前先去掉扎丝或小钉，避免扎丝或小钉撕裂伸缩缝。伸缩缝混凝土表面应平整、洁净，当有蜂窝麻面时，进行处理，外露铁件应割除。

12. 混凝土工艺质量保证措施

（1）混凝土配料及振捣。

1）混凝土配料：混凝土的配合比必须通过试验确定，配合比除应满足设计强度要求外，还应满足施工和易性的要求。

2）混凝土振捣要严格按规范操作，不能漏振、欠振，以避免出现麻面，也不能过振，过振会离析，在模板接缝处形成砂线。

3) 混凝土振捣必须密实，至表面泛浆、无气泡产生为止。

（2）混凝土分层浇筑。

1) 根据监理人批准的浇筑分层分块和浇筑程序进行施工。在浇筑闸墩、墙体混凝土时，应使混凝土均匀上升。

2) 混凝土浇筑层厚度，应根据搅拌、运输和浇筑能力、振捣器性能及气温因素确定，一般情况下，不应超过表 4 - 20 的规定。

表 4 - 20　　　　　　　　　　混凝土浇筑层允许最大厚度

振捣方法和振捣类别		允许最大厚度/mm
插入式	软轴振捣器	振捣器头长度的 1.25 倍
表面式	在无筋或少筋结构中	250
	在钢筋密集或双层钢筋结构中	150
附着式	外挂	300

3) 入仓面的混凝土应随浇随平仓，不得堆积。仓内若有粗骨料堆叠时，应均匀地分布于砂浆较多处，但不得用水泥砂浆覆盖，以免造成内部蜂窝。

（3）混凝土浇筑层施工缝处理

1) 在浇筑分层的上层混凝土层浇筑前，应对下层混凝土的施工缝面，按监理人批准的方法进行冲毛或凿毛处理。

2) 混凝土浇筑期间，如果表面泌水较多，应及时清除，并研究减少泌水的措施，严禁在模板上开孔赶水，以免带走灰浆。

3) 浇筑混凝土应使振捣器捣实到可能的最大密实度。每一位置的振捣时间以混凝土不再显著下沉，不出现气泡，并开始泛浆时为准。应避免振捣过度。振捣操作应严格按规定执行。振捣器距模板的垂直距离不应小于振捣器有效半径的1/2，并不得触动钢筋及预埋件。浇筑的第一层混凝土以及在两次混凝土卸料后的接触处应加强平仓振捣。凡无法使用振捣器的部位，应辅以人工捣固。

4) 结构物设计顶面的混凝土浇筑完毕后，应使其平整，高程应符合施工详图的规定。平整度调整应在混凝土初凝前进行。

（4）混凝土表面抗磨和抗冲蚀部位的施工

为避免高速水流引起冲蚀，施工中应按施工图纸和监理人指示，严格控制表面不平整度。底板混凝土表面要求光滑，与施工图纸所示理论线的偏差不得大于3mm/1.5m；闸门底槛及邻近闸门底槛的混凝土表面要求光滑，与施工图纸所示理论线的偏差不得大于 3mm/1.5m；一般过水混凝土凹凸不能超过 6mm，凸部应磨平，磨成不大于 1∶20 的斜度，或按照图纸规定执行。

13. 混凝土外观质量控制施工技术措施

从思想上认识上牢固树立建精品工程意识，彻底改变传统水工施工"重内容，轻外表"的思想，追求"内实外美"的精品目标。水利工程混凝土主要为清水混凝土，不装修，因而不仅要保证内在质量而且要达到外表美观，通过精心施工，精雕细刻，做到工程外表美观。在全体员工中树立外观质量与内在质量同样重要的理念，技术人员在编制方案、制定措施时认真考虑，精心筹划，操作人员在施工时精心施工，精耕细作，从而达到工程质量内实外美。

14. 模板工艺质量保证措施

（1）模板块应尽可能拼大，现场的接缝要少，且接缝位置必须有规律，尽可能隐蔽，接缝处不能跑浆。所有施工部位的尽量采用钢模板，闸墩头部采用特制钢模板，模板缝间设双面胶带密封条，模板表面刷脱模剂。

（2）各种连接部位必须按节点设计，针对不同的情况逐个画出节点图，以保证连接严密、牢固、可靠，保证施工时有依据，避免施工的随意性。滑动模板要有足够的刚度，避免中间变形。

（3）模板刚度的控制依据《建筑工程质量检验评定标准》（GBJ 301—88），清水混凝土表面平整度＜4mm，而模板的表面平整度应＜2mm。所以在模板的设计过程中控制大模板的相对挠度＜2mm，绝对挠度＜4mm。

15. 混凝土裂缝控制措施

本标段工程混凝土裂缝控制措施主要从以下三方面进行控制。

（1）材料方面控制措施。

1）提高混凝土抗裂能力：优先选用热膨胀系数较低的砂石料，保证混凝土设计所必需的极限拉伸值或抗拉强度、施工匀质性指标和强度保证率。

2）控制混凝土水化热：采用发热量低的中热硅酸盐水泥或低热矿渣硅酸盐水泥，选择较优骨料级配，掺粉煤灰、外加剂，以减少水泥用量和延缓水化热发散速率。

减少单位水泥用量的主要措施：尽量采用较大骨料粒径，改善骨料级配，做好级配设计；采用低流态混凝土；加掺合料；掺加减水缓凝型外加剂。

（2）施工方面控制措施。

1）合理安排混凝土施工程序和施工进度防止基础贯穿裂缝，要求如下：

①基础约束区混凝土在设计规定的间歇期内连续均匀上升，不应出现薄层长间歇；

②其余部分基本做到短间歇连续均匀上升；

③相邻块高差符合规范允许高差要求。

2）加强混凝土表面保护，减少内外温差：在低温季节，在混凝土表面进行覆盖保护，可减小混凝土表层温度梯度及内外温差，保持混凝土表面湿度。通过覆盖保护，延缓混凝土降温速度，以减少新混凝土上、下的约束温差；混凝土养护采用流水养护，表面薄膜覆盖。

（3）综合管理方面的措施。

1）合理安排仓位：仓位安排的原则是薄层、短间歇、连续均匀上升，仓位安排的重点在施工分层和仓位安排。

2）科学配备资源：科学地配备设备和机具是加快混凝土浇筑速度，确保混凝土浇筑质量、控制混凝土浇筑温度的重要手段。

3）加快入仓速度：入仓强度是保证混凝土入仓温度的最有效措施。

16. 混凝土缺陷处理

（1）混凝土表面的修整。

1）有模板的混凝土结构表面修整。混凝土表面蜂窝凹陷或其他损坏的混凝土缺陷应按监理人指示进行修补，直到监理人满意为止，并作好详细记录。修补前必须用钢丝刷或加压水冲刷清除缺陷部分，或凿去薄弱的混凝土表面，用水冲洗干净，应采用比原混凝土强度等级高一级的砂浆、混凝土或其他填料填补缺陷处，并予抹平，修整部位应加强养护，确保修补材料牢固黏结，色泽一致，无明显痕迹。混凝土浇筑块成型后的偏差不得超过模板安装允许偏差的 50％～100％，特殊部位（门槽等）应按施工图纸的规定。

2）根据无模混凝土表面结构特性和不平整度的要求采用整平板修整、木模刀修整、钢制修平刀修整和扫帚处理等不同施工方法和工艺进行表面修整，并达到上表要求。为避免新浇混凝土出现表面干缩裂缝，应及时加盖聚乙烯薄膜，保持混凝土表面湿润和降低水分蒸发损失。

（2）各种缺陷处理方法。

1）错台修补。对错台大于 2cm 的部分，用扁平凿按 1∶30（垂直水流向错台）和 1∶20（顺水流向错台）坡度凿除，并预留 0.5～1.0cm 的保护层，再用电动砂轮打磨平整，使其与周边混凝土保持平顺连接；对错台小于 2cm 的部位，直接用电动砂轮按 1∶30（垂直水流向错台）和 1∶20（顺水流向错台）坡度打磨平整。根据现场施工经验，对错台的处理一般在混凝土强度达到 70％后进行修补效果最佳。

2）蜂窝、麻面的凿除和填补。对数量集中、超过规定的蜂窝、麻面，先进行凿除（凿除的深度由所选用的修补材料类型决定），再将填补面清洗干净，涂刷相应的胶黏剂或砂浆，补后压实抹平。

对超标准的气孔，先凿成深度不小于 2cm 的坑，再用预缩砂浆填补，若用环氧砂浆填补，凿深不应少于 1cm。一般尽量采用高强水泥砂浆修补，这类材料价廉、易取、方便、无毒，而且耐久性好。

对上述两类缺陷的处理原则是："多磨少补，宁磨不凿"，尽量不损坏建筑物表面混凝土的完整性，以确保工程质量。

3）凹陷部位的填补。修补材料应与被补基料的变形性能（如弹性模量和线膨胀系数）和力学性能相一致，经济、安全和耐久性好，外观颜色协调，方便施工。

根据上述原则，宜选用水泥预缩砂浆，其次可选用水泥改性砂浆，如氯—偏聚合物改性水泥砂浆等；环氧及其他高分子聚合物砂浆宜用于重要部位，不宜在大面积范围内应用。

4）表面残留物处理。表面残留的砂浆要求铲除刮平，露在表面不用的埋件、钢筋头，人工挖混凝土 2cm 后割除，并用环氧砂浆填平。

5）模板拉筋头处理。永久外露面的模板拉筋头先用电动砂轮沿混凝土表面切割，然后用粗砂纸磨平，再用细砂纸磨光，最后在钢筋头表面涂刷一层环氧基液。模板拉筋头严禁用电焊或气焊进行切割，以免浇坏混凝土表面。

（3）缺陷处理施工材料及工艺。

1）麻布擦抹法。首先表面要充分湿润。用干净的麻布或橡胶海绵抹子在整个表面上擦抹砂浆，以填满所有的气孔和凹坑：所用的砂浆配比为 1 份水泥和 2 份砂，砂的最大尺寸小于 $600\mu m$，砂浆用水量要足以使其稠度成为浓乳浆。开始擦抹前 24h，应采取遮蔽或喷雾的方法，保持待补表面局部周围环境温度不超过 10℃。

当凹坑内的砂浆还具有塑性时，在表面上撒一层水泥和砂的干拌物后再打磨，配比与前述相同。

2）干填砂浆。干填砂浆为分层填筑：修补材料拌和物由 1 份水泥和 2.5 份砂（级配为 100％通过 1.18mm 筛）组成。适量加水，使产生的砂浆用手稍加力捏，能黏在一起，手变潮但不湿。干填前要浸泡待补面，等其处于饱和面干状态时开始填筑：干填时每 10mm 一层用木锤进行夯实。然后刮平至与周围表面平齐。

（4）各种表面缺陷的具体修补步骤。

1）气孔。高压水清洁表面→保湿 24h→用麻布擦抹法填补→湿养护 72h。

2）麻面。打磨至一坡度→高压水清洁→用麻布擦抹法填补→湿养护 72h。

3）蜂窝。锯割边线→凿至坚硬的混凝土→高压水清洁→预浸→待表面干燥→涂刷乳胶黏结剂→用不收缩水泥混合乳胶干填→刮平表面并湿养护。

4）模板定位销孔。取出塑料锥套→打磨锥孔内混凝土表面→除掉表面周围的薄弱区→高压水清洗→保湿 24h→用填砂浆法填筑修补→刮平表面并湿养护。

5）表面残留钢筋头。锯出一方形口 8mm×8cm→方形口至少凿至 2.5cm深→锯断钢筋，使之距表面 2.5cm→高压水清洗→湿养护 24h→用填砂浆法填筑→刮平并湿养护。

17. 低温季节、雨季浇筑混凝土的保障措施

（1）低温季节混凝土施工措施。本标段混凝土低温季节的施工质量控制主要

从混凝土骨料的储存，混凝土的拌和、运输、浇筑及养护等几方面进行控制。

1）骨料储存与供应。

①在砂石料堆料场修建骨料储料仓，加大骨料储量，并及时进行覆盖，做好骨料的防冻和保温；

②骨料中不能混有冰雪、表面不能结冰。

2）拌和。

①混凝土拌和程序和时间应通过试验确定，拌和时间应比常温时间适当延长（延长时间由试验确定），一般延长 20%～25%；

②混凝土在拌和前，用热水冲洗拌和机，并将积水或冰水排除；

③提高混凝土出机温度。出机温度应满足规范规定的最低浇筑温度与混凝土运输、浇筑过程中温度损失之和；

④混凝土拌和采用热水拌和（在一般情况下，拌和用水每提高 5℃，混凝土约可升温 1℃），用热水拌和，水温一般不宜超过 60℃，超过 60℃时，应改变拌和加料顺序，将骨料与水先拌和，然后加入水泥拌和，以免水泥假凝；

⑤当加热水拌和不能满足需要时，可在拌制混凝土过程中添加防冻剂。

3）运输。

①运输混凝土采用 6m³ 混凝土搅拌运输车，保证混凝土运输质量。

②混凝土运输时间不得超过 60min。

③混凝土搅拌运输车采取可靠的防风保温措施，尽可能加以保温。

④混凝土运输时，尽量减少倒运次数。混凝土运输在工作停顿或结束时，立即用热水将运输设备及混凝土拌和机洗净。当恢复运输时应先给运输设备加热。

4）浇筑。

①加热基础与已浇混凝土表层。在严寒条件下基础或已浇混凝土表层温度通常都呈负温，在这些部位浇筑混凝土时，先将基岩或已浇混凝土加温至正温（加温深度不小于 10cm），表面没有冰霜时再浇筑混凝土，以防施工缝早期受冻。

②基础与已浇混凝土表面清基。当日平均气温高于 −5℃时，在白天或前半夜露天清基。如有结冰，可用蒸汽冲洗；当日平均气温低于 −5℃时，清基应在暖棚内进行。

③对浇筑仓面露在保温模板和暖棚外的所有金属部件，采取保温措施；

④混凝土浇筑，日平均气温在 0℃ 以上时，混凝土可在露天浇筑，气温在 −5℃ 以下时，应在暖棚内浇筑。

⑤低温季节混凝土浇筑应提高浇筑强度，避免混凝土受冻和减少保暖热量损失。

⑥对于距新浇筑混凝土 1.0～1.5m 范围内的老混凝土采取保温措施，避免影响新浇筑混凝土。

5）养护。本标段低温季节混凝土养护根据不同情况分别采取不同的养护方法，主要采用蓄热保温法和暖棚法。

①蓄热保温法：在混凝土的外表面挂草袋保温，覆盖彩条布防风，使混凝土温度缓慢冷却，在受冻前达到所要求的混凝土强度。混凝土表面在混凝土终凝后喷混凝土养护液，形成养护薄膜，并及时覆盖塑料薄膜。蓄热保温法热源主要靠自身的水泥水化热供给，不需设置加热设备；

②暖棚法：在混凝土结构周围用草袋和彩条布搭成暖棚，在棚内安设加温设备。

（2）雨季混凝土施工措施

1）密切与气象部门联系，充分掌握施工期间天气情况，避免雨天施工，并采取必要的防雨措施。

2）施工中密切关注天气变化，提前做好排水系统，以便能及时排除雨水。

3）降雨时指派专人昼夜值班，配备工地防雨小分队，由主抓生产的项目副经理任队长，人员由各工区抽调，划分责任区，每工区为一个责任区，由该工区的工区主任负全责。

4）积极服从监理单位和建设单位的统一调度和指挥，在混凝土浇筑期间遇到雨水时，做好防护工作。

5）混凝土浇筑原则上不在雨天进行，若浇筑过程中遇小雨，可在仓面搭设雨棚并及时排除此仓内积水，遇大雨时停止施工，若中断时间超过规范允许范围，则按工作缝处理。

18. 混凝土的强度验证

（1）本标段拦河闸混凝土主要为铺盖混凝土、闸室压灌桩混凝土、底板及闸墩混凝土、消力池混凝土、上下游边墙混凝土。

所用混凝土强度等级分别是 C15、C25、C30、C45、C35，生产混凝土原材料和本试验一致，由南阳龙升商混供应，南阳智安检测公司承担检测业务，河南恒禹公司项目部施工，该项目采用了本成果的参数进行配比设计，同时在质量控制过程中采用了有修正系数的龄期对数公式推测强度，质量控制准确率达到 99% 以上，3000 方混凝土、5 个等级、部位，280 根桩，630（210 组）个试块，仅有 2 组实测结果与预测结果偏离 15%～20%，其中只有一组偏低 17%，经过回弹、钻芯检验后，对该部位进行了补强加固。另一组高偏 19%，工程部位不需处理，后查明原因：商混运输车因交通堵塞路途时间延长，导致水分降低，胶水比加大，因而强度高偏。

（2）参数调整的效果。采用调整参数进行配比设计，同样材料配比，强度可提高 6%，而保证同样配置强度的前提下，可节约水泥 6%，平均配比按 250kg/m³，可节约水泥 15kg/m³。本工程混凝土 3000m³，共可节约 45 000kg

水泥，节约资金约 13 000 元。

4.4　大体积混凝土的裂缝问题

4.4.1　大体积混凝土的定义及特点

对于大体积混凝土的定义并没有十分明确的标准，一般将体积与厚度较大的混凝土看作大体积混凝土。混凝土结构物实体最小几何尺寸不小于 1m 的大体量混凝土，或预计会因混凝土中胶凝材料水化引起的温度变化和收缩而导致有害裂缝产生的混凝土，称为大体积混凝土。

大体积混凝土体积和厚度较大，表面系数较小，水泥水化热反应较为集中，内部温度升高速度较快，很容易出现内部与外部温差。在温差作用下，大体积混凝土会出现温度裂缝，裂缝容易对整体混凝土结构及其承载力造成严重威胁，难以保证整体混凝土质量。在应用领域上，大体积混凝土应用领域较广，主要在高层建筑基础底板、特殊结构、大型设备基础等领域。大体积混凝土施工工艺较为复杂，且在施工过程中容易出现一些常见的质量问题，严重影响着混凝土施工质量。质量问题的存在，可能是一个因素或多个因素作用的结果，为保证大体积混凝土施工质量，需采取积极有效的质量控制措施。大体积混凝土在施工过程中必须严格地控制施工质量，对于混凝土内部由于水化热作用引起的大内外温度的差异要引起足够的重视。并且要合理的控制大体积混凝土由于温度应力产生的裂缝。

4.4.2　大体积混凝土的分类

1. 微观裂缝

通常情况下，混凝土的裂缝主要包括黏着裂缝、水泥石裂缝和集料裂缝。大体积混凝土出现的微裂缝主要是前两种形式。如果对大体积混凝土施工过程中的微裂缝控制不严的话，将会对混凝土的基本性质产生重大的影响。微裂缝在混凝土结构上的分布呈现不规则的状态而且并没有贯穿整个的混凝土结构。产生微裂缝的大体积混凝土结构仍然能够承受一定的拉力作用。但是如果裂缝处的拉力过大，就会导致裂缝迅速扩展，直至贯穿整个混凝土结构。对于大体积混凝土微裂缝的成因，一般认为是在混凝土发生水化和硬化作用的同时，造成了混凝土结构的整个体积发生了不均匀变形，混凝土内部的各种材料之间不均匀变形形成一定的约束应力，导致裂缝的发生。

2. 宏观裂缝

裂缝的宽度在 0.05mm 以上的，称为宏观裂缝，宏观裂缝一般是由微观裂缝发展而来的，大体积混凝土结构的外荷载过大是造成宏观裂缝发生的一个主要原因。混凝土宏观裂缝的形成原因也可能是其他因素的影响。此外在混凝土内外的温差产生的稳定应力大于混凝土的抗拉强度时会产生内部裂缝。混凝土在浇筑完成之后，会经过较长的时间才会降低温度，这导致混凝土内部的温度场变化无常。混凝土水化热导致混凝土的浇筑温度过高，形成一个较高的温度场，在温度降低时就会产生一个较大的应力差，当温度应力大于混凝土的抗拉强度时就会造成贯穿裂缝的出现。

3. 早期温度裂缝

混凝土裂缝的产生，多是由于混凝土内部温差过大引起的。在混凝土浇筑作业结束后，早期混凝土内部与外部环境温差超过 25℃ 的话，在温差作用下，大体积混凝土将会产生温度裂缝，温度裂缝主要分为表面裂缝与贯穿性裂缝两种。

（1）表面裂缝。大体积混凝土浇筑需要大量水泥，在完成浇筑作业后，其水泥水化热量较大，且因混凝土体积较大，导致水化热在混凝土内部不容易散发，从而导致混凝土温度增加的速度超过混凝土内部温差散发的速度，从而形成较大的内部与外部温差。在温差作用力下，混凝土内部产生压力，混凝土表面产生较大拉应力，加上早期混凝土强度不足，抗拉性能较差，从而出现混凝土裂缝。这种裂缝多分布于混凝土表面，并不会影响到混凝土内部，对混凝土结构的整体性能影响较小。

（2）贯穿性裂缝。因混凝土结构内部与外部温差较大，在约束作用下产生裂缝。如大体积混凝土浇筑于桩基后，没有采取有效的措施对混凝土约束力进行降低、缓解或取消等，则混凝土会在约束作用下，混凝土拉应超过了混凝土极限抗拉强度，导致混凝土裂缝的产生，这种裂缝属于贯穿性裂缝，对整体混凝土结构的性能会造成严重影响。

4. 深层裂缝

普通钢筋混凝土裂缝宽度不能超过 0.2～0.25mm（主要承载结构允许不超过 0.2mm，二级结构允许不超过 0.25mm），因为在这一限制下，即使有裂纹，也不会到深层。如果超过这个限制就是深层的裂缝。深裂缝的危害是很大的，原本一个整体结构，设计中考虑整个联合受力，现在因为有裂缝，应力改变了原始设计，结构内部应力再分配。原来次要的部分可能变成主要的部分，应该受到注意。

4.4.3 大体积混凝土裂缝出现的原因

1. 混凝土自身的体积稳定性

混凝土的体积稳定性是指混凝土在物理和化学作用下抵抗变形的能力。如果大体积混凝土自身的体积稳定性不好就会导致混凝土的抗渗透性能不断的降低，部分呈现溶液性质的物质从表面渗透到混凝土的内部，造成了大体积混凝土的耐久性不断的降低。通常情况下混凝土的体积要经过三个阶段的变化：混凝土在硬化前的体积变化；混凝土在硬化过程中的体积变化；混凝土在硬化后的体积变化。

2. 混凝土的徐变

混凝土结构在外部荷载的作用下会产生变形，这种变形除了能够恢复的弹性变形以外，还会产生一部分不可恢复的随时间的延长不断积累的非弹性变形，通常我们把这一部分的变形称之为"徐变变形"。徐变变形的表现形式为混凝土内部的质点发生黏性滑动的现象。在混凝土结构变形不变和混凝土内部的约束力减小的情况下，就产生了应力松弛的现象。徐变变形降低了大体积混凝土结构受温度应力的影响，能够有效地减少温缩裂缝。同时徐变也可以减轻混凝土结构体的应力集中现象，能够减轻基础在不均匀沉降作用下进去的局部的应力峰值。我们在进行大体积混凝土的浇筑过程中，在保证大体积混凝土的结构强度的前提下，可以尽量地提高大体积混凝土结构物的徐变来达到减轻混凝土结构裂缝的目的。但是过分强调徐变的影响，也有其不利的一面，徐变会造成混凝土结构的变形不断加大，所以对徐变变形的选择要综合考虑[4-1]。

3. 温度变形

混凝土随着温度的升高（或降低）而体积发生膨胀（或收缩）的现象称为温度变形。在混凝土硬化过程中，由于环境温度变化及混凝土热胀冷缩的性质，在温度下降后混凝土必将产生收缩而产生拉应力。当拉应力超过混凝土的极限抗拉应力时，将产生裂缝。再者由于水泥的水化产生大量的热量，大体积混凝土内部因为散热慢而使其温度迅速升高，产生内外温差导致内部混凝土膨胀，而外部混凝土经散热温度降低而收缩，形成表面裂缝。

混凝土有热胀冷缩的性质。当外部环境或结构由于内部温度变化，混凝土将发生变形。如果变形约束导致混凝土，建筑结构内的应力增大，当应力超过混凝土抗拉强度会产生温度裂缝。在一些大跨度的梁，温度应力可以达到其至超过活荷载应力。温度裂缝和其他裂缝之间的差异最重要的特性是随着温度变化和扩张或关闭。由于温度变化的主要因素是：

1）温差。一年四个季节温度变化，但变化相对较慢，光照的影响主要是引起梁纵向位移，一般通过梁位移或设置伸缩缝，设置柔性墩等措施来缓解纵向位移。当结构的位移受到限制可能导致温度裂缝。我国温差在 1 月和 7 月的平均气温一般考虑为温度变化量。考虑混凝土的蠕变的特点，在年内力之间的温差的计算应考虑混凝土弹性模量换算系数。

2）阳光。屋面板、梁、墙体一侧受日晒后，表面温度明显高于其他地方，温度梯度分布是非线性的。由于自身的限制，导致当地的混凝土拉应力裂缝将会更大。温度下降和阳光出现是大体积混凝土结构的温度裂缝是最常见的因素之一。

3）突然冷却。雨和冷空气入侵，日落等可能导致大体积混凝土结构表面温度突然下降，产生的温度梯度，内部温度变化相对较慢。阳光和突然降温时计算内力可以使用设计规范或参考实际住房数据，混凝土弹性模量降低的原因是未考虑折算系数。

4）水化热。在大体积混凝土浇筑施工中由于水泥水化后释放大量的热量，结构内部温度升高，内外温差太大以致混凝土表面产生裂缝。应该根据实际情况尽量选择水泥水化热低，限制水泥剂量单位和降低入模温度，减少内部和外部之间的温差和缓慢冷却，冷却循环系统可以在必要的时候进行混凝土内部冷却，或者使用薄层连续浇筑技术的加速冷却。

5）冬天施工或蒸汽养护措施不当，混凝土遭受了突如其来的冷热，内部和外部的温差太大，容易出现裂缝。

6）预制 T 梁横隔板之间安装。支座预埋钢板与调平钢板焊接时，若焊接时措施不当，铁件附近混凝土烧伤容易开裂。使用电热拉法张拉预应力，预应力钢的温度可以增加到 400℃，因此混凝土组件很容易裂缝。实验研究表明，高温火烧伤引起的混凝土强度随温度的增加而明显降低。钢筋与混凝土的黏结力下降，混凝土温度 280℃抗拉强度下降 60% 后，抗压强度 50%，圆钢筋和混凝土黏结力下降了 70%。被加热，混凝土体内自由水蒸发也会产生急剧收缩裂缝[4-2]。

4. 收缩变形

混凝土由于内部热量是通过表面向外传播，冷却阶段仍然是混凝土中心的分布温度很高，表面温度较低，因此，混凝土表面和中心的一部分冷却程度是不同的，在混凝土内部产生较大的限制，基础和边界条件在混凝土的收缩时产生大的外部约束，内部和外部约束的作用，混凝土的收缩拉应力、大体积混凝土随着时间的增长，由于收缩温度和拉应力较大，除了抵消加热时产生的压应力，形成了高强度混凝土应力，结合混凝土硬化，包括大量的多余的水分会逐渐蒸发，水泥干燥凝胶和体积收缩变形，造成基础或结构边界约束和拉应力，导致大体积混凝土裂缝。

混凝土在空气中凝固，体积减小现象称为混凝土的干燥收缩。混凝土在没有外力的情况下自身从浇筑到最终凝固的过程中有外部约束，混凝土会产生拉应力，混凝土开裂。混凝土裂缝的原因主要是塑性收缩、干缩和温度收缩。在硬化初期主要是水泥在凝固结硬过程中的体积变化，后期主要是混凝土内部自由水分蒸发而引起的干缩变形。

由于在浇灌混凝土的过程使用的都是混合好的混凝土，含有的水分较多。在光照和风的作用下，建筑工程中混凝土的水分减少，从而体积收缩，产生形变。

但是，由于混凝土本身还有钢筋结构，所以在钢筋的支持下，有一部分混凝土形状不会发生变化。这就导致混凝土拉应力进一步变大，如果超过最大承载力，将会产生收缩裂缝。

在实际工程中，混凝土收缩引起的裂缝是最常见的一种。混凝土的收缩类型中塑性收缩和收水收缩（干缩）的主要原因是混凝土体积变形、收缩和塑性收缩和自收缩和碳化。发生在施工过程中对混凝土浇筑后 4～5h，水泥水化反应激烈，分子链逐渐形成、出现泌水和水分快速蒸发，混凝土失水收缩，总重量下降同时混凝土硬化，称为塑性收缩。塑性收缩引起的数量级很大，可以达到 1‰左右。如果在下降过程中受到钢筋的阻碍，就会沿着钢的方向形成裂缝。在垂直不均匀的构件如 T 梁、箱形梁腹板和底板连接处，因为之前硬化沉降不均匀网络的方向会发生变化出现表面裂缝。减少混凝土的塑性收缩，浇筑时应该是控制水灰比，避免过长时间的混合、下料不宜太快，振动密实，适当的垂直截面分层浇筑。失水收缩（干缩）：由于混凝土硬化以后，表面水分逐渐的蒸发，湿度逐渐降低，混凝土体积减小，被称为失水收缩（干缩）。由于混凝土表层水分流失快，内部损失慢产生的表面应力，内部水分的减少产生不均匀收缩，内部混凝土的约束，混凝土表面变形在表面的张力下，混凝土的表面张力高于其抗拉强度下，收缩裂缝发生。混凝土主要是减少硬化后收缩。组件（如配筋率大于 3%），钢筋混凝土收缩约束很明显，混凝土表面容易开裂产生表面裂缝。自生收缩是混凝土在硬化过程中，水泥水化反应和水发生反应，这种收缩与湿度和外界无关，并且可以是积极的（收缩，如普通硅酸盐水泥混凝土），也可以是负的（扩张，如矿渣水泥混凝土和粉煤灰水泥混凝土）。碳化收缩。大气中的二氧化碳和水泥水合物收缩变形引起的化学反应。碳化收缩只能发生在约 50%的湿度，和二氧化碳的浓度的增加速度。碳化速度一般不计算。混凝土收缩裂缝的特点是大部分是表面裂缝，裂缝宽度较细，纵横交错，裂纹形状，形状没有任何规则。研究表明，混凝土收缩裂缝的主要影响因素有：

1）水泥品种、强度等级和剂量。矿渣水泥、快硬水泥、低热水泥混凝土收缩较高，普通水泥、火山灰灰水泥、高铝水泥混凝土收缩很低。其他水泥强度等级低，单位体积量越大，研磨细度越大，混凝土的收缩大且发生收缩时间长。例如，为了提高混凝土的强度，建筑通常采用的做法迫使增加水泥用量，结果收缩应力明显增加。

2）骨料品种。聚合的石英、长石、石灰石、白云石、花岗石等，吸水率小，低收缩性；砂岩、板岩、角闪岩吸水率较大，高收缩。另外骨料粒径大收缩小，含水量越大收缩越大。

3）水灰比。用水量较大，水灰比越高，混凝土的收缩越大。

4）添加剂。添加剂的保水性越好，混凝土的收缩越小。

5）维护方法。良好的维护可以加速混凝土的水化反应，提高混凝土强度。当维护保持湿度较高，温度越低，固化时间越长，混凝土的收缩越小。蒸汽养护混凝土固化收缩小于自然方式。

6）外部环境。大气湿度小，空气干燥，温度高、风速大，混凝土水分蒸发快，混凝土的收缩越快。

7）振动模式和时间。机械振动捣固混凝土收缩小于手动方式。振动时间应根据机械性能决定，一般以 5～15s/次为宜。时间太短，振动不密实，形成的混凝土强度不足或不均匀；时间太长，导致分层，粗集料沉入底部、细集料留在高层，强度不均匀，上部容易发生收缩裂缝。对于温度和收缩引起的裂缝，结构加固能明显改善混凝土的抗裂性，特别是薄壁结构（20～60cm）的壁厚。结构钢筋应首选在小直径钢筋（8～14mm），小间距安排（10～15cm），整个截面结构配筋率不应低于 0.3%，一般可以使用 0.3%～0.5%。

5. 荷载作用下变形

在荷载作用下，当构件界面产生拉应力时，会引起拉伸变形，当构件截面产生压应力时，会引起压缩变形。当截面上的拉应力大于混凝土的抗拉强度时，构件就会产生裂缝。对于荷载裂缝的宽度控制程度还应根据荷载裂缝在拟以建工程的实际表现来确定。结构上的问题助长开裂的往往是楼板过薄，钢筋的混凝土保护层厚度太小，应力集中部位的配筋缺陷以及构造钢筋不足等。出现的原因：

（1）构件实际承受的活荷载通常大于设计规定的标准值；

（2）构件实际的受力状态与设计采用的理想计算图形有差别，工程中的受弯构件在其端部往往相互紧接，受弯后端部外推受阻产生拱效应，降低了弯矩和钢筋内力；

（3）最大裂缝宽度的出现概率本来很低，出现后的后果又不像承载力失效那样严重，可能采用过于保守的裂缝宽度的计算公式。

6. 材料的影响

大体积混凝土的开裂主要是由自身的收缩作用产生的拉应力超过其本身的抗拉强度引起的。混凝土的收缩程度会受到水泥的种类、品质和水泥用量的影响。特别要重视水泥的细度，如果水泥的细度过小的话，就会导致水泥混凝土的过早出现开裂。大体积混凝土中的集料的含泥量如果偏高的话，也容易造成混凝土结构的开裂。这主要是因为骨料表面的泥土会影响到水泥和集料之间胶结作用，这会导致大体积水泥混凝土的抗拉强度减小。有研究表明，外掺剂的加入会影响到混凝土的干缩系数。通常情况下，一般的外加剂会降低混凝土的干缩值，混凝土的干缩值在加入外加剂之后初期的干缩值会增大。当混凝土掺入膨胀剂时要特别加强养护的要求。

混凝土主要由水泥、砂、粗骨料、拌和水及外加剂组成。配置混凝土所采用材料质量不合格，可能导致结构出现裂缝。

（1）水泥。由于塑性阶段混凝土失水速度大于泌水速度，造成表层混凝土的失水收缩，混凝土受内力与钢筋的约束造成受拉开裂。现今水泥的早强特性及外加剂的掺加使用不适当，使得混凝土较快或者过于缓慢凝结。凝结较快时易造成塑性开裂；当混凝土长时间处于塑性状态，将增加其塑性开裂的可能性，塑性开裂时对钢筋的耐久性，特别是混凝土碳化导致的钢筋锈蚀有很大危害。

1）水泥安定性不合格，水泥中游离的氧化钙含量超标。氧化钙在凝结过程中水化很慢，在水泥混凝土凝结后仍然继续起水化作用，可破坏已硬化的水泥石，使混凝土抗拉强度下降。

2）水泥出厂时强度不足或不合格，水泥受潮或过期，可能使混凝土强度不足，导致混凝土开裂。

3）当使用含碱量较高的水泥（如超过 0.6%），同时骨料又使用含有碱活性的，可能导致碱－骨料反应。

（2）砂、石骨料的粒径、级配、杂质含量。

1）砂粒径太小，级配不良，孔隙比大，会导致水泥的用量和水的用量加大，影响混凝土的强度，导致混凝土收缩，如果使用超出规定的细沙，后果更严重。沙和砾石的云母含量较高，会削弱水泥和骨料的结合，降低混凝土的强度。

2）砂含泥量高，不仅水泥用量的增加，拌和水用量也会增加，而且还降低混凝土的强度和抗冻性，抗渗性。因此，对骨料中泥和泥块含量必须严格控制，见表 4-21。

表 4-21　砂、石中的泥和泥块含量限制

项目		指标		
		Ⅰ类	Ⅱ类	Ⅲ类
含泥量（按质量计算，%）	砂	<1.0	<3.0	<5.0
	石	<0.5	<1.0	<1.5
含泥块量（按质量计算，%）	砂	0	<1.0	<2.0
	石	0	<0.5	<0.7

3）岩石中有机物质和轻物质太多，将推迟水泥的硬化过程，降低混凝土的强度，尤其是在早期强度。砂岩中硫化物与水泥中的铝酸三钙反应体积膨胀的 2.5 倍。

4）混合水和外加剂混合使用时水中氯化物含量较高对钢筋腐蚀有较大影响。使用水或苏打水搅拌混凝土，或使用碱性剂，可能影响碱－骨料反应。

7. 施工控制的影响

在夏季气温较高的情况下，水泥混凝土的流动性、和易性比较差，如果对加水量控制不严格的话，过多的水分加入会降低混凝土的强度，容易形成温缩和干缩裂缝。另外采取不正确的振捣方法也会影响到混凝土的强度，会造成混凝土出现离析现象，表面出现浮浆。这些都很可能导致水泥混凝土在表面出现开裂现象。在大体积混凝土浇筑完成之后，如果不及时进行保湿养护，使得混凝土表面的水分迅速蒸发，也很容易造成混凝土的干缩。

在浇筑混凝土结构、组件生产、起模、运输、存储、安装和吊装过程中，如果用不合理的施工工艺，施工质量低劣容易产生垂直的、水平的、斜向的、横向的、表面的、深入和贯穿的各种裂缝，通过特别细长薄壁结构更有可能出现。裂缝出现的部位和走向、裂缝宽度，由于不同的原因产生。典型常见的是：

（1）混凝土保护层厚度过厚，或乱踩绑扎好的上层钢筋，使负弯曲力钢筋保护层下增厚，并导致组件的有效高度降低，形成与受力钢筋垂直方向的裂缝。

（2）混凝土振动不致密，不均匀，孔隙，坑，空洞，导致钢铁腐蚀或其他负载裂纹的起源点。

（3）混凝土浇筑过快，混凝土流动性很低，在混凝土硬化之前沉淀不足，硬化后过大，容易在数小时后发生裂纹、塑性收缩裂缝。

（4）混凝土搅拌、运输时间太长，水分蒸发过多，导致混凝土坍落度过低，出现不规则的混凝土收缩裂缝。

（5）混凝土初期养护时快速干燥，混凝土早期养护时混凝土与大气接触的表面上出现的不规则收缩裂缝。

（6）泵送混凝土施工，以确保混凝土的流动性，增加水和水泥用量，增加了水灰比或其他原因加大水灰比，导致混凝土凝结硬化收缩增加，使混凝土出现不规则裂缝。

（7）分段筑筑混凝土联合部分处理不好，新老混凝土之间的容易出现裂缝。如分层浇筑混凝土，混凝土浇筑后因停电，下雨等原因在前浇筑混凝土浇筑之前未能初凝，导致层面之间的横向裂纹，使用分段现浇，先将浇混凝土接触面凿毛，清洁不好，新老混凝土之间的黏结力很小，或后浇筑混凝土养护不到位，导致混凝土收缩引起的裂缝。

（8）早期混凝土受冻，使组件表面出现裂纹、剥落或脱模后出现空鼓现象。

（9）施工时模板刚度不足，在浇筑混凝土时，由于模板侧向压力变形的影响，出现变形裂缝。

（10）施工中过早拆除模板的混凝土强度不足，在组件的本身重量或施工荷载作用下产生裂缝。

（11）施工之前建设的支架压实不足，刚度不足，支架不均匀下沉容易导致混凝土裂缝。

（12）预制装配结构，当组件运输、储存、支撑垫木不在一条垂直线，或支架太长，或运输过程中剧烈碰撞；起重、吊装位置 T 梁和横向刚度较小的组件时，横向无可靠加固措施等，都有可能产生裂缝。

（13）安装顺序不正确，对后果的理解不足，导致裂缝出现。如钢筋混凝土连续梁满堂支架现浇施工时，钢筋混凝土墙式护栏若与主梁同时浇筑，拆架后墙式护栏往往产生裂缝；拆架后再浇筑护栏，则裂缝不易出现。

（14）不好的施工质量控制。任何形式的混凝土、水、沙子和砾石，水泥材料计算不准确，导致混凝土强度不足和其他属性（和易性、紧致性）下降，导致结构的裂缝。

（15）在进行分层浇筑混凝土的过程中，如上层与下层混凝土浇筑时间控制不当，时间较长，则会导致混凝土层之间出现泌水层，泌水层的存在，会严重影响混凝土强度，导致混凝土起砂或脱皮等质量问题。且大体积混凝土施工，其混凝土用量较大，多采取泵送的方式进行浇筑，在混凝土表面，也会出现水泥浆较厚的问题，引起泌水现象。

8. 地基基础变形引起的裂缝

由于基础垂直不均匀沉降和水平位移，使结构产生附加应力，超出钢筋混凝土结构的抗拉能力，导致结构出现裂缝。基础不均匀沉降的主要原因是：

（1）地质调查精度不够，和实验数据不准确。在没有完全把握地质情况就进行设计、施工，这是基础不均匀沉降的主要原因。如丘陵和山区地形，勘探钻孔间距太远，地基岩面波动大，调查报告不能充分反映实际的地质条件。

（2）基础地质差异太大。搭建桥梁在山谷之中，河谷地质和山坡上的地质变化更大，河沟中甚至存在于软弱地基，由于不同压缩性地基土引起的不均匀沉降。

（3）结构荷载差异太大。地质条件相一致的条件下，基本负荷差异太大，部分可能会引起不均匀沉降，例如高填土箱形涵洞中部比两边的荷载要大，中部的沉降就要比两边大，箱涵可能开裂。

（4）结构基础型类型的差异。相同基础上，使用不同的基础如扩大基础和桩基础等，或采用桩基础，但在同一桩基础中使用不同桩长、桩径或同时使用扩大基础底高差大，也会导致基础不均匀沉降。

（5）施工阶段的基础。在现有的房屋基础附近上建造新房子，如分段建造一半左右的房子，新建房屋荷载或基础处理时引起地基土重新固结，可能会导致更大的现有建筑物基础沉降。

（6）地面冻胀。基础在气温低于 0℃ 的情况下含水率较高，因为地基土的冻胀；当温度回升，永久冻土融化和地面沉降。因此所有的冻结和融化基础可以引起不均匀沉降。

（7）房屋基于滑坡、岩溶洞穴或活断层等不良地质，可能引起不均匀沉降。

（8）房屋建造后改变原来的基础条件。大多数的天然地基和人工地基在洪水之后，特别是灌浆土壤、黄黏土、膨胀土等特殊地基土，土壤强度遇水下降，压缩变形加大。在软土地基中，由人工抽水引起的地下水位下降，或旱季，地基土固结下沉，与此同时，根据浮力减少，负载和负摩擦阻力增加时，基础受荷加大。地面负载条件下的变化，如房屋附近因塌方、山体滑坡等原因堆置大量废方、砂石等，房址范围土层可能受压缩再次变形。因此，使用原始基础条件再变化可能引起不均匀沉降[4-3]。

9. 钢筋锈蚀引起的裂缝

由于混凝土质量较差或保护层厚度不足，以及混凝土保护层受到二氧化碳腐蚀而表面炭化，使钢筋周围混凝土碱度降低，或由于氯化物介入，钢铁周围氯离子含量较高，可以损坏钢材表面氧化膜，钢筋铁离子和入侵的混凝土中的氧气和水分发生锈蚀反应，其腐蚀物质氢氧化铁体积增大 24 倍，从而对周围混凝土产生膨胀压力，导致混凝土保护层开裂，剥离，沿钢筋纵向产生裂缝，并有锈迹渗到混凝土表面。由于锈蚀使得钢筋有效截面面积减少，使钢的控制减弱，钢筋及钢筋混凝土结构承载力下降，并会诱发其他形式的裂缝，钢筋腐蚀加剧，导致结构失效。为了防止钢筋腐蚀，设计时应根据规范要求控制裂缝宽度，以及足够的保护层厚度（防护层，当然，也不能太厚，否则组件有效高度降低，裂缝宽度和压力会增加），施工时应控制混凝土的水灰比、加强振动，确保混凝土的密实度，防止氧气侵入，同时，严格控制氯盐外加剂用量，沿海地区或其他高度腐蚀性空气，特别是地下水地区应该谨慎。

10. 冻胀引起的裂缝

大气温度低于 0℃，饱和混凝土吸水出现冻结，自由水转变成冰，出现 9％的体积膨胀，膨胀的混凝土产生应力，同时，混凝土凝胶孔的过冷水（冻结温度低于 $-8 \sim -7$℃）在微观结构中迁移和重分布引起渗透压，使混凝土中膨胀力加大，混凝土强度降低，并导致裂纹出现。尤其是混凝土初凝时遭受冻胀，使凝固后的混凝土强度损失可能达到 30％～50％，冬季施工预应力管道灌浆后没有保温措施也可能发生沿管道的方向冻胀裂缝。温度低于冰点和混凝土水饱和度是冻胀破坏发生的必要条件。当混凝土骨料的空隙过多，吸水性强，总包含太多的灰尘等杂质，混凝土水灰比偏大，振动没压实，缺乏维护，使混凝土早期受冻都有可能导致混凝土冻胀裂缝。冬季施工时，使用电加热的方法，温室、地下蓄热法、蒸汽加热方法固化并与掺防冻剂混凝土搅拌水混合（但不宜使用氯盐），可以保证在低温条件下，负温度混凝土硬化[4-4]。

4.4.4　提高大体积混凝土抗裂性能的方法

1. 掺加外加料和外加剂

众所周知，人们在使用的混凝土产品中，制造商参加一定量的粉煤灰与混凝土混合，一定剂量的粉煤灰可以改善混凝土的质量。在大体积混凝土中添加一定量的粉煤灰，不仅可以改善混凝土的和易性，也可以提高混凝土的密实度，提高渗透率的能力，减少混凝土的收缩变形，减少水泥的用量。降低水泥水化热引起的大体积混凝土内部温度上升，防止温度裂缝的发生，使用粉煤灰作为混凝土掺合料是最有效的方法之一，这种方法经济，材料来源广泛。此外，还可以通过选择适当的类型的外加剂，改善或减轻混凝土的水化热引起的变形裂缝。经常使用一定量的乌法膨胀剂，相当于取代水泥，但成本较高。该膨胀剂会使混凝土产生适度的膨胀，一方面确保混凝土的密实度，另一方面使混凝土内部产生应力，抵消混凝土中产生的拉应力的一部分。另一个减水缓凝剂，按一定比例加入混凝土不仅能保证一定的坍落度，方便操作，也可以推迟水化热高峰期和改善混凝土的和易性，方便操作，也可以降低水灰比，以达到减少水化热的目标。并可以减少后期混凝土凝结过程，由于水分大量损失造成的裂缝。

在大体积混凝土中膨胀剂添加到使混凝土使得在硬化过程中产生体积的膨胀，这部分的体积的扩张对引起的干燥收缩、温度收缩裂缝有补偿，以减少和减缓裂缝的发展速度和数量。目前市场上的膨胀剂有很多类型，合理地选择结合工程实践。通常情况下，混合剂的掺入量控制在 10%～12%。

2. 掺加增强型材料

在大体积混凝土中掺入增强型材料，可以有效地提高混凝土的抗拉强度，常见的增强型材料有无机纤维、有机纤维、金属纤维等。

3. 配置温度筋

合理地配置钢筋会明显的增加混凝土的抗拉强度，减小钢筋的直径和钢筋之间的间距，能够很有效地提高混凝土的抗裂性能。特别是对于大体积混凝土，减少中间配筋，增加部分温度筋的数量，可以起到很好的抗裂效果。

4. 控制水泥品种与用量

理论研究和工程实践证明，大体积混凝土产生裂缝的主要原因是在水泥水化过程中释放大量的热量。因此，在大体积混凝土施工过程中，我们应该合理选择水泥品种，不同种类的水泥水化热是不同的。水泥水化热的大小和速度取决于水泥矿物组成。水泥矿物中发热速度最快的和热值最大的是铝酸三钙，其他依次是硅酸三钙、硅酸二钙和铁铝酸四钙。此外，水泥水化热的大小与水泥颗粒的粗细程度有关，水泥越细发热速率越快，水化热对裂缝的影响越大。所以我们应该尝试使用在大体积混凝土施工，灰矿渣硅酸盐水泥混凝土。除了选择水泥品种，我们将尽力降低水泥混凝土的实际数量，它可以直接减少热量产生的水化热。但应控制在一个合理的范围内，避免水泥剂量太低，导致组件设计的结构强度降低和安全隐患。

5. 优化大体积混凝土设计

基于大体积混凝土一般用于建筑物或构筑物，主要使用的混凝土的抗压性能。所以减少大体积混凝土钢筋布置或布筋较少。为了提高混凝土的抗拉性能，减少裂缝的发生，如孔洞周围和裂纹容易发生的拐角处布置一些钢筋，使钢代替混凝土拉应力，从而使项目成本增加。但这样的工程建设质量和组件的强度将大大提高，可以有效地控制裂缝的产生和发展。

结合大体积混凝土在整个项目中发挥作用，在力学合理、安全的前提下，可以满足使用要求，合理的安排变形缝的位置，这可以非常有效地防止裂纹扩张和减少大体积混凝土体积及总体降低水泥水化热的热量。同时，减少混凝土保护层厚度也可以在一定程度上减少裂缝的产生。

6. 施工过程的质量控制

（1）严格控制原材料质量。商品混凝土生产工厂严格控制混凝土原材料的质量和技术标准，选择水泥水化热低，优化掺合料，尽量减少粗细骨料含泥量，分析混凝土集料的配合比。控制水灰比，合理控制水灰比，减少坍落度，加减混合水，建筑部分或组件允许的话，在骨料颗粒的选择上应选择较大的碎石，碎石强度较高，同时合理搭配，使连续级配碎石骨料科学合理。大体积混凝土达到较小的孔隙率和表面积，从而减少水泥的数量，降低水化热，在大体积混凝土凝结过程中减少干燥收缩变形，达到防止混凝土裂缝的目的。

（2）合理安排混凝土的浇筑环境。浇筑混凝土时应尽量安排在夜间，降低混凝土入模温度，加强混凝土的振捣，采用二次振捣技术，用平板振动器振捣严实，提高混凝土密实度。

（3）控制混凝土的入模温度。控制混凝土入模温度，工程基础施工能有效控制水化热释放率。在夏天的时候，浇筑混凝土入模温度高，水化热、混凝土内部温度较高。减少措施：一是使用冷水倒沙子和砾石，搭设凉棚存放。二是输送管不能阻塞。三是运输管道距离较短。注意减少拐角，在管路支架上设管套减少管道摩擦热值的增加。浇筑温度控制在28℃，使实际入模温度略低于大气温度1～3℃。推迟水化热峰值，时间2d左右。

（4）严格温度监测。加强施工温度的控制包括混凝土浇筑后，混凝土的保温保湿保养，为了使混凝土缓慢冷却，充分发挥其蠕变特性，降低温度应力。夏季应坚决避免暴露在高温中，注意控制水分流失，冬季应采取保温覆盖措施，以避免发生剧烈的温度梯度变化；采取长时间的维护，确定合理的拆模时间，降低冷却速度，延长冷却时间长，充分发挥混凝土"应力松弛效应"；加强温度监测。

可以使用热敏感温度计监测或专人多点监控，掌握和控制混凝土温度的变化。混凝土内外温差应控制在 25℃，基础表面温差和基底表面温度控制在 20℃，并及时调整保护和维护措施，使混凝土温度梯度和湿度变化不大，有效控制有害裂缝，合理安排施工程序，混凝土在浇筑过程中温度应均匀上升，还应避免混凝土堆积高差过大。结构完成后及时回填土，避免长时间曝光。底板采取斜面分层，整体浇筑方法。同时对于底板混凝土采用 JD02 建筑电子测温仪测量混凝土内部温度，监测混凝土表面温度与结构中心温度。为了采取相应措施，确保混凝土的施工质量，控制混凝土内外温差。温度测量、混凝土温度上升阶段每 2 小时测试一次，温度下降阶段每 4 小时测量一次。同时测量大气温度。所有测温点都应编号，对混凝土内部不同深度和表面温度测量。

（5）采取温度的控制和防止裂缝的措施。为了防止裂缝，为减少温度应力应从温度控制和改善约束条件两个方面进行。温度控制措施如下：

1）用细骨料级配，用干混凝土，搅拌混合，加引气剂或塑化剂等其他措施，以减少混凝土中的水泥用量。

2）混凝土拌和时加水或用水冷却碎石以降低混凝土的浇筑温度。

3）天气炎热浇筑混凝土时，减少构件的厚度，利用浇筑层面散热。

4）水管嵌在混凝土，通风和用冷水冷却。

5）合理规定拆除模板的时间，温度下降时对表面进行保温，以避免剧烈的温度梯度。

6）施工中长期暴露在空气中的混凝土浇筑块表面或薄壁结构，在寒冷季节采取保温措施。

改善约束措施有：①合理地分缝分块；②避免基础出现太大起伏；③安排合理的施工过程，以避免过度的高差和长时间曝光。此外，改善混凝土的性能，提高抗裂能力，加强维护，以防止表面收缩，特别是，保证混凝土的质量，防止裂缝是非常重要的，应特别注意避免产生裂缝，出现后要恢复其结构的整体性是十分困难的。所以应该优先考虑施工期间贯穿性裂缝的发生。在混凝土施工过程，为了提高模板的周转率，往往需要新浇筑混凝土模具尽快拆模。当混凝土温度高于气温应时适当考虑拆除，以免引起混凝土表面的早期裂缝。在新浇筑初期，在表面引起很大的拉应力，出现"温度冲击"现象。在混凝土浇筑的开始，由于水化热损失，在表面引起相当大的拉应力，此时表面温度也比气温高，此时模板的拆除，表面温度过低，不可避免地导致温度梯度，从而在表面附加一拉应力，表面应力叠加和水化热，加上混凝土的干燥收缩，表面拉应力达到很大的值，就有导致裂缝产生的危险，但是如果拆除模板后表面覆盖一个轻量级的保温材料，如泡沫海绵，防止在混凝土表面产生过度拉伸应力，对防止裂缝有重大的作用。加筋强化对大体积混凝土的温度应力影响很小，由于大体积混凝土配筋率非常低。

只是对普通钢筋混凝土产生影响。在温度不太高及应力低于屈服极限的条件下，钢的各种性能是稳定的，与应力状态，时间和温度无关。钢铁和混凝土的线性膨胀系数差异很小，当温度变化只发生在一个小的内应力。由于混凝土弹性模量是钢的弹性模量 7～15 倍，当应力达到混凝土的抗拉强度而开裂时，钢筋应力不超过 $100～200\text{kg/cm}^2$……

所以，在混凝土中想要利用钢筋来防止细小裂缝的出现很困难。但加钢筋后结构裂缝一般数量变得小得多，间距小、宽度和深度变小了。如果钢筋的直径和间距过小，对提高混凝土抗裂性能效果更好。混凝土和钢筋混凝土结构的表面常常会发生细而浅的和耐久性仍有一定的影响。

为了保证混凝土施工质量，防止开裂，提高混凝土的耐久性，外加剂的正确使用是减少裂纹的措施。它的主要功能是：

①大量的混凝土毛细通道，水蒸发后毛细管中产生毛细管张力，使混凝土的干燥收缩变形。增加了毛细孔直径可以减少毛细管表面张力，但会使混凝土强度降低。表面张力理论早在 60 年代已被国际上证实。

②水灰比是影响混凝土收缩的重要因素，使用减水型混凝土防裂剂可使水的消耗降低 25%。

③水泥用量也是混凝土收缩率的重要因素，掺加减水防裂剂的混凝土在保持混凝土强度的条件下可减少 15% 的水泥用量，其体积用增加骨料用量来补充。

④减水防裂剂可以改善水泥浆的稠度，降低混凝土的泌水，减少收缩变形。

⑤改善水泥和骨料凝聚力，提高混凝土的抗裂性能。

⑥约束混凝土收缩时出现拉应力，当拉应力超过混凝土的抗拉强度产生裂缝。减水防裂剂能有效提高混凝土的抗拉强度，大幅提高混凝土的抗裂性能。

⑦添加外加剂可以使混凝土的密度提高，并能有效地改善混凝土的碳化性能，减少碳化收缩。

⑧添加减水防裂剂外加剂的混凝土可以适当地推迟缓凝时间，在有效防止水泥水化热的基础上，避免因水泥长期不凝而带来的塑性收缩增加。

⑨掺合矿物料的混凝土的和易性好，表面易抹平，形成微膜，减少水分蒸发，减少干燥收缩。许多外加剂都有缓凝，增加和易性和改善塑性的功能，我们在工程实践中应多进行这方面的实验对比和研究，不仅仅是通过改善外部条件，可能更简单和经济[4-5]。

7. 合理的振捣方法

为了确保混凝土夯实程度，用行列式或梅花形振动。在每次浇筑时布置五个振动棒。两部在浇筑中心，两部在振捣流动部分，一部在后面补振。振距为 500mm。振捣上层混凝土时，振捣棒应插入下层混凝土至少 50mm，使上下层结合成整体。振捣时间一般在 20～30s，待反浆出现后，混凝土不下沉为准。但应防止精振和过振。振动压实后，用木抹子或长木头，平整压实两到三遍。然后在表层在铺洒 10mm 厚的一层细砂。

8. 保湿保温养护

做好养护工作，采用蓄水方式进行。在混凝土表面覆盖一层塑料薄膜，一层麻袋片，同时根据温差条件及时增加或减少混凝土表面保护层的厚度。混凝土内外温差及混凝土表面和大气温度不得超过 25℃。当发现内外温差的 ATS＝25℃ 应立即增加覆盖，当降至低于 20℃。可拆卸部分覆盖，以加速冷却，如此反复，应注意速度不大于 2℃/d。

9. 提高混凝土的抗拉强度

控制骨料含泥量。如果砂、石中含泥量过大，不仅增加混凝土的收缩，而且降低混凝土的抗拉强度，对混凝土的抗裂性不利。所以必须严格控制混凝土搅拌砂子、石的含泥量。应将石子含泥量控制在 1‰ 以下，砂中含泥量控制在 2‰ 以下，降低因砂、石含泥量过大对混凝土抗裂产生的不利影响。可以通过改善混凝土施工工艺，采用二次投料方法，浇筑后二次振动的方法，浇筑后及时消除表面积水和泥浆层的方法来提高早期养护，保证早期和相应龄期混凝土的抗拉强度；大体积混凝土基础表面和内部设置必要的温度筋，以改善应力分布，预防裂缝的出现[4-6]。

4.4.5　工程实例

1. 工程概况和特点

福州建福广场位于福州市古田路。建筑平面基本上为正方形。地上 28 层，地下 2 层。为全现浇外框内筒结构。基础底板总面积约为 2300m² （49.2m×47.8m），其混凝土总量约为 3900m³，整个基础由内核心筒体区域的一个大承台（面积约 600m²），周边众多小承台及各承台间的底板组成。底板混凝土厚 0.6m，承台处混凝土厚达 2.5m，混凝土设计强度等级为 C40。

基础底板混凝土强度高，厚度和体积大，施工时正值严冷春季，难度较大。降低大体积混凝土内部最高温度和控制混凝土内外温度差在规定限值（25℃）以内，存在三个极不利因素：

（1）底板（承台）混凝土超厚，要一次性浇筑，混凝土内部温度不易散发。

（2）混凝土强度等级高，一般需用 P·O 42.5 或 P·O 52.5 水泥，水化热高。

（3）冬季施工，环境温度低，混凝土内表温差大。在这些因素综合作用下，混凝土内部必然形成较高的温度，存在着产生裂缝的危险。为防止混凝土产生裂缝（表面裂缝和贯穿裂缝），就必须从降低混凝土温度应力和增进混凝土本身抗拉性能这两方面综合考虑。

2. 本工程采取的措施

针对以上混凝土裂缝产生的原因，结合该项目自身的特点，主要采取了以下的防治措施，重点是防止混凝土的温度裂缝和收缩裂缝。

（1）大体积混凝土配合比设计。为降低 C40 大体积混凝土的最高温度，最主要的措施是降低混凝土的水化热。因此，必须做好混凝土配合比设计及试配工作。

1）原材料选用。水泥：C40 大体积混凝土应选用水化热较低的水泥，并尽可能减少水泥用量。本工程选用 P·O42.5 水泥。

细骨料：宜采用Ⅱ区中砂，由于使用中砂比用细砂可减少水及水泥的用量。

粗骨料：在可泵送情况下，选用粒径 5～20mm 连续级配石子，以减少混凝土收缩变形。

含泥量：在大体积混凝土中，粗细骨料的含泥量是要害问题，若骨料中含泥量偏多，不仅增加了混凝土的收缩变形，又严重降低了混凝土的抗拉强度，对抗裂的危害性很大。因此骨料必须现场取样实测，石子的含泥量控制在 1% 以内，砂的含泥量控制在 2% 以内。

掺合料：应用添加粉煤灰技术。在混凝土中掺用的粉煤灰不仅能够节约水泥，降低水化热，增加混凝土和易性，而且能够大幅度进步混凝土后期强度，并且混凝土的 28d 强度基本能接近混凝土标准强度值。故本工程采用 60d 龄期的混凝土强度来代替 28d 龄期强度，控制温升速率，推移温升峰值出现时间。

外加剂：采用外加 UEA 技术。在混凝土中添加约水泥 10% 的 UEA，试验表明在混凝土添加了 UEA 之后，混凝土内部产生的膨胀应力可以抵消一部分混凝土的收缩应力，这样相应地提高混凝土抗裂强度。

2）试配及施工配合比确定：根据试验室配合比设计，每立方米混凝土配合比为 P·O42.5 水泥 400kg，连续级配碎石（粒径 5～20mm）1060kg，河沙 650kg，粉煤灰掺合料 73kg，UEA 外加剂 40kg，水 170kg，坍落度 160～180mm。

（2）温度预测分析。根据现场混凝土配合比和施工中的气温天气情况及各种养护方案，采用 3D—TFEP 程序对混凝土施工期温度场及温差进行计算机模拟动态预测，提供结构沿厚度方向的温度分布及随混凝土龄期变化情况，进行保温养护优化选择。根据计算，拟先在混凝土表面展一层塑料薄膜，中间覆盖 1～2 层麻袋，上面再覆一层塑料薄膜。

（3）大体积混凝土施工方法。

1）混凝土浇筑方案。由于承台混凝土厚达到 2.5m，内部水化热温升偏高，内表温差和降温速率不易控制，同时考虑基坑支护已有偏移，必须尽快浇筑底板，但商品混凝土供给有问题，故确定混凝土浇捣分三个阶段进行；第一阶段浇捣周边小承台的下层部分（底板底面高程以下的部分。下同）；第二阶段浇捣大承台的下层部分；第三阶段在大中承台的下层部分浇捣后，紧接着从大承台往边扩散，浇捣整个基础的底板部分（包括大小承台的上层部分）。

2）混凝土浇筑。为了使混凝土浇筑不出现冷缝，要求前后浇筑混凝土搭接时间控制在 5h 内（初凝时间大于 8h），因此，混凝土浇筑前经具体计算安排浇筑次序、流向、浇筑厚度、宽度、长度及前后浇筑的搭接时间，实施了以下浇筑主案。

第一阶段：两台混凝土输送泵（另备用 2 台），10 辆罐车，另备用 2 辆，每个承台独立浇筑。

第二阶段：自北向南采用斜面分层（分四层）浇筑，用"一个坡度、薄层浇筑，一次到顶"的方法。采用两台输送泵（另备用 2 台）布料，18 辆罐车，另备用 5 辆。每台输送泵控制范围 6m。

第三阶段：底板从北向南顺序浇捣，以 4 轴为界，每台输送泵控制范围 6m 宽度浇筑前进。

余下部分均按每道 6m 宽度浇筑前进。

本阶段采用两台输送泵布料（另备用 2 台），18 辆罐车，另备用 5 辆。

混凝土振捣要及时，同时不漏振，但也不能过振，防止离析。

3）混凝土表面处理。大体积混凝土表面水泥浆较厚，浇筑后 3～4h 内初步用长刮尺刮平，初凝前用铁滚筒碾压 2 遍，再用木抹子抹平压实，以控制表面龟裂，并按规定覆盖养护。

（4）混凝土内部温度监测。在核心筒大承台范围垂直埋设 9 根测杆（编号为 A1—I1），另选 2 个小承台各埋进 1 根测杆（编号为 A2、B2），每根测杆沿混凝土的厚度设 5 个测点，合计 11 根测杆 55 个混凝土内部温度测点；同时在混凝土外部设置气温测点 2 个，保温材料温度测点 2 个及养护水温度测点 1 个，总计 60 个工作测点。另设 60 个备用测点。所有工作测点都通过热电偶补偿导线与设置在测试房的微机数据采集仪相连接，温度监测数据由采集仪处理后自动打印输出。现场温度监测数据由数据采集仪自动采集并进行整理分析，每隔一小时打印输出一次，每个测点的温度值及各测位中心测点与表层测点的温差值，作为研究调整控温措施的依据，防止混凝土出现温度裂缝。

（5）养护措施。

第一阶段施工完毕后，因承台混凝土表面位于底板面层钢筋以下 60cm 处，无法覆盖保温材料，于是在浇筑后 4～5h 采取不断浇热水的措施，尽量控制温差。其间出现过温差大于 25℃，及时采取了措施（水温加高，并用碘钨灯照射），温差控制在 25℃内。

第二阶段与第三阶段的施工中断很短，几乎连续浇筑。当第三阶段混凝土浇捣后 4～5h 内（根据实践表明，在混凝土初凝前及时覆盖，效果更好。），表面抹面后，浇温水保养后，表面及时展一层塑料薄膜，中间覆盖 1～2 层麻袋（底板区域1层，承台区域2层），上面再盖一层塑料薄膜进行保温。在养护期间，随时检查混凝土表面的干湿情况及温差（内表温差达23℃时就发警报），及时浇水保持混凝土温润。其间大承台温差大于25℃，采取了灯照和上搭2m高塑料保温棚，将温差控制在25℃内。

（6）混凝土的监测结果。混凝土浇筑温度为13～21℃，混凝土浇捣及养护期间环境温度日均为10.1～22.3℃。

小承台下层部分：中心混凝土最高温度为60.0℃，面层混凝土最高温度为37.4℃，底层混凝土最高温度为49.2℃。小承台上层部分：中心混凝土最高温度为49.2℃，面层混凝土最高温度为48.4℃。大承台区域：中心混凝土最高温度为70.5℃，面层混凝土最高温度为57.2，底层混凝土最高温度为52.6℃。从监测结果可看出：一般地，混凝土厚度越厚，体积越大，其内部的水化热温度峰值就越高。

随着混凝土厚度、体积的增大，其内部热峰值出现龄期也相应延长：小承台上层部分（混凝土厚度为0.6m）中心热峰出现龄期为1d，小承台下层部分（混凝土厚度为1.9m）中心热峰出现龄期约为2d，大承台区域（混凝土厚度为2.5m）中心热峰出现龄期为3～3.5d。

小承台的下层部分混凝土浇捣后，因商品混凝土的供给接不上，混凝土施工被迫停了一周时间。在上层部分混凝土浇捣前，由于下层部分临时表面位于基础面层钢筋网下方0.6m处，无法覆盖保温材料，于是采取现场烧热水间歇浇洒的养护措施以进步面层混凝土温度，其内表温差基本被控制在25℃以内。

小承台的上层部分混凝土厚度薄（只有0.6m），表面又得到很好的保温，因而内表温差极低，基本在10℃以下，最大为13.2℃。

大承台区域混凝土也分上下两层浇捣，但由于间歇时间极短（只有4～6h），分层的影响不明显。混凝土浇捣后很重视保温养护工作，在前17d龄期内全区域的内表温差均控制在25℃以内，因养护期间遇阴雨天气，混凝土表面基本处于水养护状态，保湿良好[4-7]。

（7）施工中应留意的问题。

1）混凝土浇筑不应留冷缝，保证浇筑的交接时间，应控制在初凝前。

2）保证振捣密实，严格控制振捣时间，移动间隔和插进深度，严防漏振及过振。

3）及时发出温控警报，做好覆盖保温及保湿工作，但覆盖层也不应过热，必要时应揭开保温层，以利于散热。

4）保证混凝土供给，确保不留冷缝。

5）做好现场协调、组织治理，要有充足的人力、物力、保证施工按计划顺利进行。

3. 结果分析

经现场检查，本基础未发现温度变形裂缝。实践证实，在优化配合比设计，改善施工工艺，确保施工质量，做好温度监测工作及加强养护等方面采取有效技术措施，坚持严谨的施工组织治理，完全可以控制大体积混凝土温度裂缝和施工裂缝的发生，达到良好的自防水抗渗效果。另外，外加剂方面也可以选糖类缓凝剂，养护分三个阶段用 3 种水温养护。

4.4.6　结论

随着建设的规模与速度不断扩大，大体积混凝土工程不断兴起，尤其广泛应用于高层建筑、桥梁结构、水利大坝等工程领域。大体积混凝土结构厚度及体积较大，施工技术要求高，且容易出现施工冷缝、泌水现象、表面裂缝及贯穿性裂缝等质量问题，严重影响大体积混凝施工质量。为进行大体积混凝土施工质量控制，在本例中，对影响大体积混凝施工质量的因素进行了研究，从而提出从大体积混凝土原材料、混凝土配合比、施工工艺及施工过程、混凝土温度控制等几个方面采取措施，综合控制大体积混凝土施工质量。通过实践证明，通过质量控制措施，能够有效避免大体积混凝土施工质量问题，提高混凝土整体性能，保证建筑工程质量及品质。大体积混凝土裂缝产生的影响因素比较复杂，也比较多，目前还没有精确的公式可以事先准确计算，加之施工中有很多不确定因素。在施工中，需要因地制宜通过逐一分析各影响因素，调整混凝土的内部和外部条件，尽可能地采用科学的技术方案，最大限度地避免混凝土裂缝给工程带来的危害。

参 考 文 献

[4-1] 杜红伟，谢玉辉. 水泥混凝土路面单位用水量计算经验公式质疑 [J]. 科技创业家，2011.12 (17).

[4-2] 胡章贵. 大体积混凝土温度裂缝的成因与控制 [J]. 中国科技信息，2011 (08).

[4-3] 蒋沙沙，高燕. 大体积混凝土裂缝浅析 [J]. 科技信息（科学教研），2008 (25).

[4-4] 方仙梅. 大体积混凝土裂缝的分析及防治 [J]. 中国西部科技，2011 (10).

[4-5] 侯景鹏，熊杰，袁勇. 大体积混凝土温度控制与现场监测 [J]. 混凝土，2004 (05).

[4-6] 龚剑，李宏伟. 大体积混凝土施工中的裂缝控制 [J]. 施工技术，2012 (06).

[4-7] 赵明华. 土力学与基础工程 [M]. 武汉：武汉理工大学出版社，2010.

［4-8］李廉锟. 结构力学 ［M］. 北京：高等教育出版社，2010.

［4-9］郑照北，吕恒林，李天珍. 结构力学教程（上册）［M］. 徐州：中国矿业大学出版社，2008.

［4-10］王作兴，张德琦. 混凝土结构与砌体结构 ［M］. 江苏：中国矿业大学出版社，2011.

［4-11］陈树华. 房屋建筑学 ［M］. 北京：中国建筑工业出版社，2009.

［4-12］刘锡良. 钢筋混凝土房屋结构设计与实例 ［M］. 上海：上海科技出版社，2006.

［4-13］严正庭. 混凝土结构实用构造手册 ［M］. 北京：中国建筑工业出版社，2001.

［4-14］曹双寅. 工程结构设计原理 ［M］. 南京：东南大学出版社，2002.

［4-15］陈希哲. 土力学地基基础 ［M］. 北京：清华大学，2010.

［4-16］郭继武. 建筑抗震设计 ［M］. 北京：高等教育出版社，2012.

［4-17］梁兴文，史庆轩. 土木工程专业毕业设计指导 ［M］. 北京：科学出版社，2011.

［4-18］包世华. 高层建筑结构设计 ［M］. 北京：清华大学出版社，2010.

［4-19］张耀春. 大型桥梁无损检测技术研究 ［D］. 武汉：华中科技大学，2001.

第5章

混凝土的未来发展方向

5.1 纤维增强混凝土

纤维增强混凝土以混凝土为基材，外掺纤维材料配制而成。通过适当搅拌把短纤维均匀分散在拌和物中，提高混凝土抗拉强度、抗弯强度、冲击韧性等力学性能，从而降低其脆性，是一种新型的多相复合材料。近年来，纤维增强混凝土技术取得了较大的突破，成功开发了几种新型的纤维增强混凝土，如密实增强混凝土（Compacted reinforced concrete，CRC）、注浆纤维混凝土（Slurry infiltrated Fiber Concrete，SIFCON）、活性粉末混凝土（Reactive Powder Concrete，RPC）。这些新型混凝土的断裂韧性得到了很大的提高。

纤维按其变形性能，可分为高弹性模量纤维（如钢纤维、碳纤维等）和低弹性模量纤维（如聚丙烯纤维、尼龙纤维等）。几种纤维性能比较见表5-1。常用的纤维有钢纤维、玻璃纤维和合成纤维等。

表5-1   几种纤维性能的比较

品种	密度/（g/cm³）	强度/MPa	弹模/GPa	伸长率（%）
钢纤维	7.86	1770	200	1.8
碳纤维	1.78	3400	240	1.4
玻璃纤维	2.60	3500	72	4.8
聚丙烯纤维	0.90	600	6	20.0
芳伦纤维	1.44	2900	60	3.6
聚乙烯纤维	0.97	3000	95	5.5

注：高弹模的聚乙烯纤维为国内新产品。

纤维增强混凝土因所用纤维不同，其性能也不一样。采用高弹性模量纤维时，由于纤维约束开裂能力大，故可全面提高混凝土的抗拉、抗弯、抗冲击强度和韧性。如用钢纤维制成的混凝土，必须是钢纤维被拔出才有可能发生破坏，因此其韧性显著增大。采用弹性模量低的合成纤维时，对混凝土强度的影响较小，但可显著改善韧性和抗冲击性。

对于纤维增强混凝土，纤维的体积含量、纤维的几何形状以及纤维的分布情况，对其性能有着重要影响。以短钢纤维为例：为了兼顾构件性能要求及便于搅拌和保证混凝土拌和物的均匀性，通常的掺量在 0.5%～2%（体积比）范围内，考虑到经济性，尤以 1.0%～1.5%范围内较多，长径比以 40～100 为宜，尽可能选用直径细、形状非圆形的变截面钢纤维，其效果最佳。

不同种类的纤维混凝土，它们的主要使用范围示于表 5-2 中。纤维混凝土目前已应用于飞机跑道、隧道衬砌、路面及桥面、水工建筑、铁路轨枕、压力管道等领域。随着对纤维混凝土的深入研究，纤维混凝土在建筑工程中必将得到广泛的应用[5-1]。

表 5-2　　　　　　　　　　纤维混凝土的使用范围

使用范围	纤维种类	使用范围	纤维种类
桥梁和屋顶的跨空结构	钢纤维	矿井和隧道结构	玻璃纤维
主要公路和街道的路面及机场跑道	钢纤维	加固山坡	玻璃纤维
新型桥梁结构	碳纤维束	厂房地板	钢纤维、玻璃纤维
重建和新建的堤坝、板、道路路面和管子	玻璃纤维、钢纤维	混凝土结构加固修补	碳纤维

5.2　聚合物混凝土

聚合物混凝土是一种由有机、无机材料复合的新型混凝土。按其组成和制作工艺一般可分为三种。

5.2.1　聚合物胶结混凝土（PC）

它是一种完全不用水泥，而以合成树脂作胶结材料所制成的混凝土，又称为树脂混凝土。

用树脂作胶黏剂，不但胶黏剂本身的强度比较高，而且与骨料之间的黏结力也被显著提高。故树脂混凝土的破坏，不像水泥混凝土那样发生于胶黏剂与骨料的界面处，而主要是由于骨料本身遭到破坏所致。因此，在很多情况下，树脂混凝土的强度取决于骨料强度。

树脂混凝土具有很多优点，例如可以在很大范围内调节硬化时间；硬化后强度高，特别是早强效果显著，通常 1d 龄期的抗压强度可达 50～100MPa，抗拉强度达 10MPa 以上；抗渗性高，几乎不透水；耐磨性、抗冲击性及耐蚀性高；掺入彩色填料后具有美丽的色彩。因此，树脂混凝土是一种多用途材料。其不足之处是硬化初期收缩大，可达 0.2%～0.4%；徐变亦较大；易燃；在高温下热稳定性差，当温度为 100℃时，其强度仅为常温下的 1/3～1/5。目前树脂混凝土成本还比较高，只能用于特殊要求的工程。

5.2.2　聚合物浸渍混凝土（PIC）

这是一种将已硬化的普通混凝土放在有机单体里浸渍，然后用加热或辐射的方法使混凝土孔隙内的单体产生聚合作用，使混凝土和聚合物结合成一体的新型混凝土。按其浸渍方法的不同，分为完全浸渍和部分浸渍两种。

所用浸渍液有各种聚合物单体和液态树脂，如甲基丙烯酸甲酯（MMA）、苯乙烯（S）、丙烯腈（AN）等。目前使用较广泛的是 MMA 和 S。

为了保证质量，聚合物浸渍混凝土应控制浸渍前的干燥情况、真空程度、浸渍压力及浸渍时间。干燥的目的是为浸渍液体让出空间，同时也可避免凝固后水分所引起的不良影响。浸渍前施加真空可加快浸渍液的渗透速度及浸渍深度。控制浸渍时间则有利于提高浸渍效果，而在高压下浸渍则能增加总的浸渍率。

这种混凝土由于聚合物填充了混凝土的内部孔隙和微裂缝，形成连续的空间网络，并与硬化水泥混凝土结构相互穿插，使聚合物浸渍混凝土具有极其密实的结构，因此具有高强、耐蚀、抗渗、耐磨等优良物理力学性能。

浸渍混凝土目前主要用于路面、桥面、输送液体的管道、隧道支撑系统及水下结构等。

5.2.3　聚合物水泥混凝土（PCC）

聚合物水泥混凝土是用聚合物乳液拌和水泥，并掺入砂或其他骨料而制成的。这种混凝土的特点是：胶黏剂由聚合物分散体和水泥两种活性组分构成。在硬化过程中，聚合物与水泥之间不发生化学作用，而是在水泥水化形成水泥石的同时，聚合物在混凝土内脱水固化形成薄膜，填充水泥水化物和骨料之间的孔隙，从而改善了硬化水泥浆与骨料及各水泥颗粒之间的黏结力。

拌制聚合物水泥混凝土可用普通水泥，也可采用高铝水泥和快硬水泥等。采用快硬水泥的效果比普通水泥好。聚合物可采用橡胶乳胶、各种树脂胶和水溶性聚合物等。聚合物与水泥的比例对混凝土的性能影响较大，通常聚合物的掺用量为水泥质量的 5%～30%。

聚合物水泥混凝土的特点是：抗拉、抗折强度及延伸能力高，抗冻性、耐蚀性和耐磨性高。因此它主要用于路面工程、机场跑道及防水层等。

5.3　泵送混凝土

将搅拌好的混凝土，采用混凝土输送泵沿管道输送和浇筑，称为泵送混凝土。由于施工工艺上的要求，所采用的施工设备和混凝土配合比都与普通施工方法不同。

采用混凝土泵输送混凝土拌和物，可一次连续完成垂直和水平输送，而且可以进行浇筑，因而生产率高，节约劳动力，特别适用于工地狭窄和有障碍的施工现场，以及大体积混凝土结构物和高层建筑。

5.3.1　泵送混凝土的可泵性

泵送混凝土是拌和料在压力下沿管道内进行垂直和水平的输送，它的输送条件与传统的输送有很大的不同。因此对拌和料性能的要求与传统的要求相比，既有相同点也有不同的特点。按传统方法设计的有良好工作性（流动性和黏聚性）的新拌混凝土，在泵送时却不一定有良好的可泵性，有时发生泵压陡升和阻泵现象。在泵送过程中，拌和料与管壁产生摩擦，在拌和料经过管道弯头处遇到阻力，拌和料必须克服摩擦阻力和弯头阻力方能顺利地流动。因此，要求拌和物的可泵性要好。

基于目前的研究水平，新拌混凝土的可泵性可用坍落度和压力泌水值双指标来评价。压力泌水值是在一定的压力下，一定量的拌和料在一定的时间内泌出水的总量，以总泌水量（mL）或单位混凝土泌水量（kg/m³）表示。压力泌水值太大，泌水较多，阻力大，泵压不稳定，可能堵泵；但是如果压力泌水值太小，拌和物黏稠，结构黏度过大，阻力大，也不易泵送。因此压力泌水值有一个合适的范围。实际施工现场测试表明，对于高层建筑坍落度大于160mm的拌和料，压力泌水值在70～110mL（40～70kg/m³混凝土）较为合适。对于坍落度100～160mm的拌和料，合适的泌水量范围相应还小一些。

5.3.2　坍落度损失

混凝土拌和料从加水搅拌到浇筑要经历一段时间，在这段时间内拌和料逐渐变稠，流动性（坍落度）逐渐降低，这就是所谓"坍落度损失"。如果这段时间过长，环境气温又过高，坍落度损失可能很大，则将会给泵送、振捣等施工过程带来很大困难，或者造成振捣不密实，甚至出现蜂窝状缺陷。坍落度损失的原因是：①水分蒸发；②水泥早期开始水化，特别是C3A水化形成水化硫铝酸钙需要消耗一部分水；③新形成的少量水化生成物表面吸附一些水。在正常情况下，从加水搅拌开始最初0.5h内水化物很少，坍落度降低也只有2～3cm，随后坍落度以一定速率降低。如果从搅拌到浇筑或泵送时间间隔不长，环境气温不高（低于30℃），坍落度的正常损失问题还不大，只需略提高预拌混凝土的初始坍落度以补偿运输过程中的坍落度损失。如果从搅拌到浇筑的时间间隔过长，气温又过高，或者出现混凝土早期不正常的稠化凝结，则必须采取措施解决过快的坍落度损失问题。

当坍落度损失成为施工中的问题时，可采取下列措施以减缓坍落度损失：

（1）在炎热季节降低骨料温度和拌和水温；在干燥条件下，防止水分过快蒸发。

（2）在混凝土设计时，考虑掺加粉煤灰等矿物掺合料。

（3）在采用高效减水剂的同时，掺加缓凝剂或引气剂或两者都掺。两者都有延缓坍落度损失的作用，缓凝剂作用比引气剂更显著[5-2]。

5.3.3 泵送混凝土对原材料的要求

1. 水泥

泵送混凝土要求混凝土具有一定的保水性。矿渣水泥由于保水性差，泌水大，一般不宜配制泵送混凝土，但其可以通过降低坍落度、适当提高砂率，以及掺加优质粉煤灰等措施而被使用。普通水泥和硅酸盐水泥通常优先被选用配制泵送混凝土。对于大体积混凝土工程，可加入缓凝型引气剂和矿物细掺料来减少水泥用量，降低水泥水化。

泵送混凝土的水泥和矿物掺合料的总量不宜小于 $300kg/m^3$。

2. 骨料

骨料的形状、种类、粒径和级配对泵送混凝土的性能有较大的影响。

（1）粗骨料。由于三个石子在同一断面处相遇最容易引起管道阻塞，故碎石的最大粒径与输送管内径之比宜小于或等于 1∶3，卵石则宜小于 1∶2.5。

泵送混凝土对粗骨料的颗粒级配要求较高，以满足混凝土和易性的要求。

（2）细骨料。实践证明，在骨料级配中，细度模数为 2.3～3.2，粒径在 0.30mm 以下的细骨料所占比例非常重要，其比例不应小于 15%，最好能达到 20%，这对改善混凝土的泵送性非常重要。

3. 矿物掺合料——粉煤灰

由于粉煤灰的多孔表面可吸附较多的水，故可减少混凝土的压力泌水，提高可泵性。掺入 Ⅱ 级以上的粉煤灰可降低混凝土拌和料的屈服剪切应力从而提高流动性与可泵性。此外，加入粉煤灰，还有一定的缓凝作用，降低混凝土的水化热，提高混凝土的抗裂性，有利于大体积混凝土的施工。

5.3.4 泵送混凝土配合比设计基本原则

（1）应满足泵送混凝土的和易性、匀质性、强度及耐久性等质量要求。

（2）根据材料的质量、泵的种类、输送管的直径、压送距离、气候条件、浇筑部位、及浇筑方法等，经过试验确定配合比。试验包括混凝土的试配和试送。

（3）掺减水性以降低水胶比，适当提高砂率（一般为 35%～45%），改善混凝土可泵性[5-3]。

5.4 高强混凝土

高强混凝土是指强度等级≥C60的混凝土，C100及以上的称为超高强混凝土。

与普通混凝土相比，高强混凝土除了具有高的抗压强度外，还有其他一系列优良性质。例如，早期强度、弹性模量以及密实性、耐久性、抗渗性、抗冻性等，都会随着混凝土的抗压强度提高而有所改善，而徐变则随之减小。高强混凝土的拉压比较小，为1/20～1/16，而普通混凝土的拉压比则为1/13～1/10。因此，混凝土强度越高，性质越脆，延塑性越小。故采用强度大于80MPa的高强混凝土时，结构设计上应采取相应的技术措施，以保证构件具有足够的延塑性。高强混凝土已广泛应用于预应力混凝土结构、混凝土轨枕、接触网支柱、钢管混凝土结构、管桩、高层建筑及大跨度桥梁结构中，技术经济效益显著。

混凝土高强化的主要技术途径有：胶凝材料本身高强化，选择合适的骨料，强化界面过渡区。这些技术途径可通过采取合理选择原材料、合理选择混凝土配合比设计参数及合理的施工工艺等措施来实现。

5.4.1 原材料基本要求

1. 水泥

应选用硅酸盐水泥或普通硅酸盐水泥，其强度等级不宜低于42.5级。

2. 细骨料

细度模数宜大于2.6，含泥量不应超过2%，泥块含量不应大于0.5%。

3. 粗骨料

最大粒径需随着混凝土配制强度的提高而减小，且一般不宜超过25mm；颗粒级配良好；针片状颗粒含量不应大于5.0%，含泥量不应超过0.5%，泥块含量不应大于0.2%。

4. 外加剂

宜选用高效减水剂或缓凝高效减水剂。

5. 矿物掺合料

在混凝土中掺入硅灰、磨细矿渣或优质粉煤灰等矿物掺合料，既可减少每立方米混凝土水泥用量，强化水泥石与骨料界面，又可改善水化产物的品质且减少孔隙和细化孔径。

5.4.2 配合比设计要点

高强混凝土配合比设计的方法和步骤与普通混凝土相同。但配合比设计中的主要参数确定应注意以下几点。

(1) 水胶比：高强混凝土的水胶比一般为 0.25～0.30。

(2) 胶结材料用量：水泥用量不宜超过 550kg/m³，胶凝材料总量不宜超过 600kg/m³。

(3) 砂率：一般为 37%～42%。砂率对拌和物和易性及硬化混凝土的弹性模量有较大影响，其合理砂率值可通过试验确定。

(4) 高强混凝土设计配合比确定后，尚应用该配合比进行不少于 6 次重复试验进行验证，其平均强度不低于配制强度[5-4]。

5.5　高性能混凝土

高性能混凝土（high performance concrete，HPC）是一种新型的高技术混凝土，是在大幅度提高普通混凝土性能的基础上，以耐久性为主要设计指标，针对不同用途和要求，采用现代技术制作的、低水胶比的混凝土。

高性能混凝土是以耐久性和可持续发展为基本要求，并适应工业化生产与施工的新型混凝土。高性能混凝土应具有的技术特征是高抗渗性（高耐久性的关键性能）、高体积稳定性（低干缩、低徐变、低温度应变率和高弹性模量）、适当高的抗压强度、良好的施工性（高流动性、高黏聚性、达到自密实）。高性能混凝土在节能、节料、工程经济、劳动保护及环境保护等方面都具有重大意义，是国内外土木建筑界研究的热点，它是水泥基材料的主要发展方向，被称为"二十一世纪的混凝土"。据报道，建筑业消耗世界资源近 40%，建筑物的寿命延长一倍，资源能源的消耗和环境污染将减轻一半。因此大力推广高性能混凝土对于我国基础设施建设意义重大。

高性能混凝土是 1990 美国首次提出的新概念。虽然到目前为止各国对高性能混凝土的要求和确定的含义不完全相同，但大家都认为高性能混凝土应具有的技术特征是：高耐久性；高体积稳定性（低干缩、低徐变、低温度变形和高弹性模量）；适当的高抗压强度（早期强度高，后期强度不倒缩）；良好的工作性（高流动性、高黏聚性、自密实性）[5-5]。

5.5.1　高性能混凝土的特性

1. 自密实性

用水量较低，流动性好，抗离析性高，从而具有较优异的填充性和自密实性。

2. 体积稳定性

体积稳定性较高，具有高弹性模量、低收缩与徐变、低温度变形。普通强度混凝土的弹性模量为 20～25GPa，而高性能混凝土可达 40～45GPa。90d 龄期的干缩值可低于 0.04%。

3. 强度

目前 28d 平均抗压强度介于 120MPa 的高性能混凝土已在工程中得到应用。高性能混凝土抗拉强度与抗压强度之比较高强混凝土有明显增加。高性能混凝土的早期强度发展较快，而后期强度的增长率却低于普通强度混凝土。

4. 水化热

由于高性能混凝土的水胶比较低，会较早地终止水化反应，因此水化热总量相应地降低。

5. 收缩和徐变

高性能混凝土的总收缩量与其强度成反比，强度越高总收缩量越小。但早期收缩率随着早期强度的提高而增大。相对湿度和环境温度仍然是影响高性能混凝土收缩性能的两个重要因素。高性能混凝土的徐变变形显著地低于普通混凝土。

6. 耐久性

高性能混凝土除通常的抗冻性、抗渗性明显高于普通混凝土外，Cl⁻ 渗透率明显低于普通混凝土，抗化学腐蚀性能显著优于普通强度混凝土。

7. 耐火性

由于高性能混凝土的高密实度使自由水不易很快地从毛细孔中排出，在高温作用下，会产生爆裂、剥落。为克服这一缺陷，可在混凝土中掺入有机纤维，在高温条件下混凝土中的纤维会熔化挥发，形成释放蒸汽的通道，达到改善耐高温性能的目的。

5.5.2　混凝土达到高性能的技术途径

高性能混凝土制作的主要技术途径是采用优质的化学外加剂和矿物掺合料。前者可改善工作性，生产低水胶比的混凝土，控制混凝土的坍落度损失，提高混凝土的致密性和抗渗性；后者可参与水化，起到胶凝材料的作用，改善界面的微观结构，堵塞混凝土内部孔隙，提高耐久性。

1. 采用优质原材料

（1）水泥可采用硅酸盐水泥或普通水泥。

（2）细骨料可采用河砂或人工砂，粗骨料一般用表面粗糙、强度高的碎石。

（3）掺加适量优质的活性磨细矿物掺合料，如硅灰、磨细矿渣和优质粉煤灰等。

（4）掺入与水泥相容性好的优质高效减水剂，并有适当的引气性与抗坍落度损失能力。

2. 确定合理的配合比

（1）采用较低的水胶比（通常要控制在 0.38 以下，目前最低已达到 0.22～

0.25)。

（2）每立方米混凝土用水量 120～160kg；胶凝材料总量 500～600kg，掺合料一般取代水泥 10%～30%；高效减水剂掺量 0.8%～1.5%；砂率 34%～44%，粗骨料体积含量 0.4m³ 左右，最大粒径 10～25mm。

3. 采用合理的施工工艺

泵送施工（拌和物坍落度一般为 180～220mm），高频振动，或采用自密实混凝土。

案例：国家大剧院 C100 高性能混凝土

原材料：42.5P•O；中砂（M_x＝2.8）；碎石 D_m＝25mm；掺合料及高效减水剂。配合比：水胶比 0.26，水泥 450、掺合料 150、砂 614、石 1092（kg/m³）；坍落度 T＝250～260mm，扩展度 600～620mm，F500 冻融循环，质量损失为 0，相对动弹性模量损失为 6.9%～7.6%，平均抗压强度为 117.9MPa，均方差 6.75。高性能混凝土的应用取得了圆满成功[5-6]。

5.6　绿色混凝土

随着社会生产力和经济的高速发展，材料生产和使用过程中资源过度开发和废弃及其造成的环境污染和生态破坏，与地球资源、地球环境容量的有限性以及地球生态系统的安全性之间出现了尖锐的矛盾，对社会经济的可持续发展和人类自身的生存构成严重的障碍和威胁。因此，认识资源、环境与材料的关系，开展绿色材料及其相关理论的研究，从而实现材料科学与技术的可持续发展，是历史发展的必然，也是材料科学的进步。在这样的背景条件下，具有环境协调性和自适应性的绿色混凝土应运而生。

绿色的含义可概括为：①节约资源、能源；②不破坏环境，更应有利于环境；③可持续发展，既要满足当代人的需求，又不危害后代人满足其需求的能力。绿色混凝土的环境协调性是指对资源和能源消耗少、对环境污染小和循环再生利用率高，自适应性是指具有满意的使用性能，能够改善环境，具有感知、调节和修复等机敏特性。

绿色混凝土的特点是：①降低水泥用量，大量利用工业废料；②比传统混凝土材料有更良好的力学性能和耐久性；③具有与自然环境的协调性，减轻对环境的负荷，实现非再生性资源的可循环使用，节省能源，以及有害物质的"零排放"；④能够为人类提供温和、舒适、便捷和安全的生存环境[5-7]。

与普通混凝土相比，绿色混凝土的优越性主要表现在：①降低混凝土制造时的环境负荷；②降低混凝土使用过程中的环境负荷；③保护生态，美化环境；④提高居住环境的舒适度和安全性。

绿色混凝土作为绿色建材的一个重要分支，自 20 世纪 90 年代以来，国内外科技工作者开展了广泛深入的研究。其涉及的研究范围包括：绿色高性能混凝土、再生混凝土及砂浆、环保型混凝土和机敏混凝土[5-8]。

5.6.1　绿色高性能混凝土

绿色高性能混凝土是在高性能混凝土的基础上，进一步加大绿色化程度的混凝土，其主要特征包括：①更多地节约熟料水泥，减少环境污染；②更多地掺合以工业废渣为主的活性细掺料；③更大地发挥高性能优势，减少水泥和混凝土的用量。如大掺量活性掺合料混凝土、大流动性免振捣自密实高性能混凝土、高耐久性及超高耐久性混凝土等均属此列。

水泥是混凝土的主要胶凝材料，而水泥工业不仅要消耗大量的矿物资源与能源，而且环境污染严重，产生大量粉尘，还排放有害气体，如 CO_2、NO 和 SO_2 及其他有毒物质。其中 CO_2 的大量排放将导致地球温室效应加剧。通常情况下，每生产 1t 水泥熟料约排放 1t CO_2。我国是水泥生产大国，2012 年水泥产量达到 20.8 亿 t，约占世界水泥总产量的 60%。水泥产量高速增长的背后是人类生存环境的恶化。如何在既满足混凝土质量和数量的同时，又降低混凝土中的水泥用量，达到节能降耗、减少污染和温室气体排放的效果，是摆在人们面前的一个严峻而又有挑战性的课题。在长期的研究和工程实践中，人们发现，许多工业废渣如粉煤灰、粒化高炉矿渣、煤矸石、硅灰等活性矿物掺合料可作为廉价的辅助胶凝材料，代替部分水泥，并且赋予混凝土许多优良的性能，可以制备性能更优越的混凝土。因此，大量利用工业废渣作混凝土的活性掺合料是实现混凝土绿色化的一个重要途径。

另外，提高混凝土的强度、工作性和耐久性可以减小建筑结构的体积，减少混凝土用量，降低环境噪声，延长建筑结构物的使用寿命，进一步节约维修和重建费用，减少对自然资源无节制的消耗，也是混凝土绿色化的途径之一。

5.6.2　再生混凝土及再生砂浆

再生混凝土及再生砂浆，是指用废混凝土、废砖块、废砂浆等代替部分以致全部天然骨料而制成的混凝土或砂浆。

混凝土和砂浆在制备过程中要消耗大量砂石，若以每吨水泥生产混凝土和砂浆时消耗 6~8t 砂石材料计，我国每年将生产砂石材料 120 亿~160 亿 t。目前全球已面临优质砂石材料短缺的问题，我国许多城市更是面临砂石资源枯竭而不得不远距离运送砂石材料的严峻问题。同时，近几年我国在快速城市化建设过程中产生了大量建筑垃圾。据统计，每万平方米拆除的旧建筑将产生 7000~12 000t 建筑垃圾，每万平方米建筑的施工过程中也会产生 500~600t 建筑垃圾。中国建筑垃圾的年排放量已超过 4 亿 t，建筑垃圾已占城市垃圾总量的 30%～40%，垃圾围城现象已到了触目惊心的地步！大量建筑垃圾的产生、露天堆放或填埋，带来一系列自然资源、能源、环境保护和可持续发展的问题。目前工业发达国家经过长期的努力，已基本实现了建筑垃圾的资源化，如日本已达到 98%，欧盟超过了 90%，而中国尚不足 5%，资源化水平极低。因此，实现建筑垃圾的资源化（其中主要是再生骨料的循环利用）对保护环境、节约资源与能源意义十分重大，也是我国目前迫切需要解决的问题。

5.6.3　环保型混凝土

环保型混凝土是指能够改善、美化环境，对人类与自然的协调具有积极作用的混凝土材料。这类混凝土的研究和开发刚起步，它标志着人类在处理混凝土材料与环境的关系过程中采取了更加积极、主动的态度。目前所研究和开发的品种主要有透水、排水性混凝土，绿化植被混凝土、净水混凝土和光催化混凝土等。

为了使混凝土与自然环境相协调，通过混凝土材料的性能、形状或构造等的设计，使其具有降低环境负荷的能力。例如通过控制混凝土的空隙特性和空隙率，可使混凝土具有不同的性能，如良好的透水性、吸音性能、蓄热性能、吸附气体性能等。多孔混凝土即是一例。它由粗骨料和水泥浆结合而成，又称"无砂混凝土"，其空隙率一般为 5%～35%，具有良好的透水性和透气性，能够提供生物的繁殖生长空间、净化和保护地下水资源以及吸收环境噪声等。通过对混凝土性能和材料的适当设计，使混凝土能与植物和谐共生，这类混凝土包括植物适应型生态混凝土、海洋生物适应型生态混凝土和淡水生物适应型混凝土，以及净化水质生态混凝土等。如用于工程生态护坡的绿化植被混凝土是由粗骨料、水泥加水拌制而成，再辅以泥土、肥料和保水材料，使其适合植物生长。

将光催化技术应用于水泥混凝土材料中而制成的光催化混凝土则可以起到净化城市大气的作用。随着经济的发展，城市大气污染日益严重，汽车和工业排放的氮氧化物和硫化物等已经形成公害。水泥混凝土材料作为最大宗的人造材料，给人类带来了文明，同时也使得人类逐渐远离绿色自然环境。通过在建筑物表面使用掺有 TiO_2 的混凝土，可以通过光催化作用，使污染物氧化成碳酸、硝酸和硫酸等随雨水排掉，从而净化环境。

5.6.4　机敏混凝土

机敏混凝土是指具有感知、调节和修复等功能的混凝土。它是通过在传统的混凝土组分中复合特殊的功能组分而制备的具有本征机敏特性的混凝土。机敏混凝土是信息科学与材料科学相结合的产物，其目标不仅是将混凝土作为优良力学性能的建筑材料，而且更注重混凝土与自然的融合和适应性，它为智能混凝土的研究和发展奠定了基础。目前开发的机敏混凝土主要有自感知混凝土、自调节混凝土、自诊断混凝土及自修复混凝土等。

5.7　智能混凝土

智能化是现代社会的发展方向。随着现代电子信息技术和材料科学的飞速发展，也促使现代建筑向智能化方向发展，混凝土材料作为各项建筑的基础，其智能化的研究和开发成为人们关注的热点。目前智能混凝土尚处于研制、开发阶段，还没有成熟的技术[5-9]。

实现混凝土智能化的基本途径是以机敏混凝土为基础，即在混凝土中加入智能组分，如将传感器、驱动器和微处理器等置入混凝土中，使之具有特殊功能的智能效果。目前国内外智能混凝土的研制开发主要集中在以下几个方面。

5.7.1　自感知混凝土

自感知混凝土对诸如热、电和磁等外部信号具有监测、感知和反馈的能力，是未来智能建筑的必需组件。它与其他土木工程材料具有很好的兼容性，在材料处理过程中能够抵制外部相对复杂的温度变化，能反映激励过程的信息等。它可以在非破损情况下感知并获得被测结构物全部的物理、力学参数，如：温度、变形、应力应变场等。

5.7.2　交通导航混凝土

在智能化交通系统中，汽车行驶将由电脑控制。通过对高速公路上的标记识别，电脑可以确定汽车的行驶线路、速度等参数。如在混凝土中掺入碳纤维等材料可使混凝土具有反射电磁波的功能，采用这种混凝土作为车道两侧的导航标记，即可实现高速公路的自动导航[5-10]。

5.7.3　自调节混凝土

自调节混凝土对由于外力、温度、电场或磁场等变化具有产生形状、刚度、湿度或其他机械特性响应的能力。如在建筑物遭受台风、地震等自然灾害期间能够调整承载能力和减缓结构振动。对于那些对其室内湿度有严格要求的建筑物，如各类展览馆、博物馆及美术馆等，为实现稳定的湿度控制，往往需要许多湿度传感器、控制系统及复杂的布线等，其成本和使用维持的费用都较高。在混凝土中掺入沸石粉可制成能自动调节环境湿度的混凝土，这种调湿混凝土已成功用于多家美术馆的室内墙壁，取得良好的效果。

另外，2010年上海世博会时，意大利场馆采用了加入玻璃质地成分的透明混凝土材料，该混凝土可以增加馆内光线，同时还可以调节馆内温度，节约能源。光线通过不同玻璃质地的透明混凝土照射进来，营造出梦幻的色彩效果。利用机敏混凝土的热电效应，可以实时监测建筑物内外的温度变化，并实现对建筑物内部的温度控制。因此，这种绿色环保型的智能建筑发展前景广阔[5-11]。

5.7.4　损伤自诊断混凝土

损伤自诊断混凝土的出现是与碳纤维的发展紧密相连的。碳纤维是一种高强、高弹模、质轻、耐高温、耐腐蚀、导电性及导热性好的纤维材料。将其掺入混凝土中，由于碳纤维对交流阻抗的敏感，通过交流阻抗谱可计算出碳纤维混凝土的导电率，从而可利用碳纤维的导电性探测混凝土在受力时内部微结构的变化。混凝土将具有自动感知内部应力、应变和损伤程度的功能。混凝土本身成为传感器，实现对构件或结构变形、断裂的自动监测。

5.7.5　自修复混凝土

自修复混凝土是模仿生物组织对受创伤部位能分泌某种物质，从而使其愈合的机理，在混凝土中掺入内含胶黏剂的空心胶囊、空心玻璃纤维或液芯光纤等，一旦混凝土在外力作用下产生开裂，内部的部分空心胶囊、空心玻璃纤维或液芯光纤等就会破裂而释放胶黏剂，胶黏剂流向开裂处，使之重新黏结起来，起到损伤自愈合的效果。这种混凝土又称为仿生自愈合混凝土[5-12]。

5.8　自密实混凝土

5.8.1　概述

1. 自密实混凝土的概念

1824 年英国人约瑟夫·阿斯普丁发明了波特兰水泥，1830 年前后水泥混凝土问世，从此水泥代替了火山灰、石灰用于制造混凝土，才出现了现代意义上的混凝土。1825 年英国用混凝土修建了泰晤士河水下公路隧道工程；1850 年出现了钢筋混凝土，使混凝土技术发生了第一次革命。1872 年在纽约建造了第一所钢筋混凝土房屋，1895—1900 年用混凝土成功建造了第一批桥墩，从此，混凝土开始作为最主要的结构材料，影响和塑造了现代建筑；1928 年制成了预应力钢筋混凝土，产生了混凝土技术的第二次革命；1965 年前后以减水剂为代表的混凝土外加剂的应用，使混凝土的工作性和强度得到显著提高，导致了混凝土技术的第三次革命。混凝土是现代工程中用途最广、用量最大的建筑材料。但随着水泥混凝土产量的不断增加，其对资源、能源和环境所产生的影响也在不断扩大。据估算，生产 1t 水泥熟料所排放的 CO_2 约为 1t，SO_2 约 0.78kg，NO_x 约 1.25kg，粉尘约 2.3kg[5-13]；CO_2 的大量排放直接导致"温室效应"，SO_2 则会引起"酸雨"现象，而大量粉尘则直接污染环境。我国是世界上最大的水泥生产国，2015 年产量达到了 23.5 亿 t，超过世界总产量（41 亿 t）的 57%，水泥工业为人类创造现代工业文明的同时其对人类环境的影响也已无法估计。

进入 21 世纪以来，随着人口剧增，资源消耗过度，环境污染以及生态平衡遭到严重破坏等问题日益突出，可持续发展理念越来越引起人们的高度重视，并成为当今世界各国所面临的重大课题。发展高性能混凝土，大量掺合工业废渣，不仅可以起到节约水泥、节约资源和能源、保护环境的作用，还可以提高混凝土质量、增强混凝土的耐久性。

但是，目前一般混凝土的施工均采用传统的人工振捣，这种工艺存在诸多不足，面临能否可持续发展的瓶颈问题，主要表现在以下几个方面：

（1）振捣工艺是由施工人员手持振动器进行振捣作业，劳动强度大、工作环境差，影响施工人员身体健康和周围居民正常生活。

（2）在实施混凝土振捣作业时，混凝土工程各部位的振捣时间由施工人员凭经验控制，人为因素较多，影响混凝土工程整体施工质量。

（3）薄壁结构、钢管混凝土、稠密配筋结构和复杂结构中，作业空间较小，人工振捣实施难度较大甚至不能进行。

（4）推动新型建筑技术的进步与发展较难。在工程改造中，后加柱、加粗柱等结构施工时，由于受原有结构的影响，难以实施人工振捣。

上述普通混凝土施工工艺中存在的问题，使用自密实混凝土可以得到较好的解决。1988 年，日本东京大学冈村甫教授提出了自密实混凝土的概念，并于次年公开做了演示试验。自密实混凝土又称免振捣自密实混凝土，是一种低水胶比的高性能混凝土。自密实混凝土（Self－Compacting Concrete，SCC）也称作高流态混凝土（High Flowing Concrete 或 High Fludity Concrete）、高工作性混凝土（High Workability Concrete）、自流平混凝土（Self - Leveling Concrete）、自填充混凝土（Self - Filling）和免振捣混凝土（Vibration Free Concrete）等，是一种具有很高的流动性、黏聚性和抗离析性，在自重作用下能够无须振捣或稍经振捣而自动流平并充满模型和包裹钢筋的混凝土，即使在钢筋布置密集的地方也能依靠其良好的流动性填满每个角落，这样一来就大大提高了钢筋混凝土的密实度。另外，由于自密实混凝土中大多掺入了粉煤灰、磨细矿粉等矿物掺合料，通过胶凝材料颗粒级配的优化及"二次水化"反应等作用，能够提高混凝土的密实度。

自密实混凝土的主要技术特点可以归纳为：

（1）高流动性，即自密实混凝土具有在模板内克服阻力而顺畅流动的能力。

(2) 填充能力，即自密实混凝土具有仅靠自重填充到模板内每一个角落的能力。

(3) 穿越能力，即自密实混凝土具有在自重作用下能通过狭窄间隙（比如钢筋间隙）的能力。

(4) 抗离析能力，即在满足以上三点的同时自密实混凝土在运输和浇筑过程中各组分能保持均匀。

自密实混凝土属于高性能混凝土范畴，我国已故混凝土专家吴中伟院士曾给出高性能混凝土定义：高性能混凝土是一种新型高技术混凝土，是在大幅度提高普通混凝土性能的基础上采用现代混凝土技术制作的混凝土，是以耐久性作为设计的主要指标，针对不同用途要求，对下列性能有重点地予以保证，即耐久性、施工性、适用性、强度、体积稳定性和经济性。

2. 自密实混凝土的优点与应用

作为高性能混凝土的一员，自密实混凝土具有以下优点。

(1) 明显改善混凝土的施工性能、降低劳动成本。目前在混凝土的施工过程中，往往遇到钢筋密集、结构截面复杂、钢筋间隙过于狭窄等情况，采用传统的振动密实的施工方法，有时因混凝土难以通过而不能保证工程质量，或在操作上稍有疏忽就会使工程结构中的混凝土出现缺陷，从而降低了工程的耐久性和安全性。

(2) 有利于改善混凝土工程的施工环境，减少噪声对环境的污染。传统的混凝土振动密实施工工艺，无论是采用表面振动器、插入式振动器或是附着式振动器，都会产生很强的噪声，不仅影响了现场的周边环境，也往往给混凝土施工人员带来职业病。自密实混凝土的应用可以取消振捣工艺，显著改善了噪声环境。

(3) 可以提高劳动生产率并降低工程费用。传统的振动密实施工工艺浇筑混凝土有施工工序和周期，从而使劳动生产率难以提高。此外，在施工时需要有一定数量的振动设备及其维修费，以及相当数量技术熟练的工人，而自密实混凝土可以显著改善上述不足之处。

近年来，国内外自密实混凝土在隧道、高层建筑、桥梁、铁路、地下结构等领域都有非常广泛的应用，西方发达国家自密实混凝土用量已达混凝土总量的30%～40%。我国自密实混凝土自1996年研制成功以来，工程应用显著增加。在此背景下，国内学者也开展了大量的研究工作，重点集中于自密实混凝土应用技术规程原材料选择、配合比优化设计、工作性能检测与控制、物理力学性能、混凝土耐久性、施工工艺及质量管理等，并且取得了一大批成果，先后制定了《自密实混凝土应用技术规程》（JGJ/T 283—2012）、《自密实混凝土设计与施工指南》（CEES 02—2004）、《自密实混凝土应用技术规程》（CECS 203—2006）等各类规程和规范，大大促进了我国自密实混凝土研究和应用水平的提高。

3. 自密实混凝土的研究现状

自密实混凝土属于高性能混凝土的范畴，高性能混凝土是混凝土科学今后的发展方向。在我国，自密实混凝土的研究与应用还处于发展阶段，进行此领域的研究具有重要的现实意义。

由于混凝土的原材料具有很强的地域性和离散性，因此自密实混凝土的配比设计与应用仍然主要依赖于试验研究，但是国内外目前已经提出了依据试验总结的自密实混凝土配合比设计规程，国内代表性的成果如下：《自密实混凝土应用技术规程》（JGJ/T 283—2012）、《自密实混凝土应用技术规程》（CECS 203—2006）、《自密实混凝土设计与施工指南》（CEES 02—2004）等。国外，欧洲、美国、英国、日本等也都颁布了相应的规程和规范。可以预见，大量自密实混凝土规范的出版对于促进混凝土技术的进步具有积极的意义。

自密实混凝土的配制首先应满足工作性的要求，其中关键是满足抗离析能力和填充性能的要求，从这点来看，自密实混凝土配合比与普通混凝土配合比存在较大差别。

从国内自密实混凝土研究的文献上看，配合比计算方法一般有三类：第一类是直接引用高性能配合比计算的一些方法，如全计算法或改进全计算法；第二类为固定砂石体积含量的计算方法，日本预拌混凝土联合会和我国吴中伟院士都做过介绍；第三类为经验推导法，以经验数据为基础确定单位粗集料用量、用水量和胶凝材料用量，单位细集料体积等于总体积减去其他材料体积。

国内《自密实混凝土应用技术规程》（JGJ/T 283—2012）提出自密实混凝土配合比设计宜采用绝对体积法，并详细地介绍了自密实混凝土配合比设计方法，包括初始配合比、基准配合比以及生产配合比等。在自密实混凝土配合比设计中，自密实混凝土水胶比宜小于 0.42，胶凝材料用量宜控制在 $450\sim550\mathrm{kg/m^3}$。自密实混凝土宜采用通过增加胶凝材料的方法适当增加浆体体积或通过添加外加剂的方法来改善浆体的黏聚性和流动性。钢管自密实混凝土配合比设计时，应采取减少收缩的措施。

4. 自密实混凝土物理力学性能及耐久性研究现状

（1）自密实混凝土的工作性能。自密实混凝土的关键物理力学性能是其工作性能，主要以流动性、黏聚性、通过性、抗离析性为主。采用哪几种性能及方法来表征自密实混凝土还未得到统一。自密实混凝土的各项工作性能并不需要同时达到最佳，而应根据应用要求着重对其中几项做主要考核。欧洲、英国、日本等标准较为完善地规定了自密实混凝土工作性的相应表征方法及指标应用范围，可根据工作需要选择各指标范围进行组合。目前实验室和施工现场通常采用坍落度、坍落扩展度、T_{500} 时间、L 形仪、U 形仪、V 形漏斗、J 形环、筛析法等其中的一种或几种组合控制自密实混凝土的工作性能。

（2）自密实混凝土的基本力学性能。

1）抗压强度：研究表明自密实混凝土的抗压强度发展规律与普通混凝土相似，普通混凝土立方体抗压强度与圆柱体抗压强度的比值为 1.2，而自密实混凝土为 1.0～1.1。自密实混凝土棱柱体抗压强度与立方体抗压强度之比与普通混凝土相似。此外，由于自密实混凝土具有更加均匀的材料特性，因此对于大尺度构件来说，在结构的不同位置测试得到的混凝土强度离散型比普通振捣混凝土的结构构件要小得多。在标准养护条件下，自密实混凝土与振动成型的高性能混凝土，其早期和后期强度相差 3.3%～13.2%，平均值为 8.2%。而在蒸汽养护条件下，二者相差 0～13.7%，平均值为 6.8%。

2）劈拉强度：自密实混凝土的劈拉强度与立方体抗压强度的关系与普通混凝土相似，其劈拉强度不低于同强度等级的混凝土。自密实混凝土的劈拉强度与振捣混凝土相比，变化率在 −8%～1%，拉压比值为 0.118～0.065，与普通高强混凝土的拉压比值 0.067～0.056 基本相当。对于强度等级为 C50～C60 的自密实混凝土，其劈拉强度与立方体抗压强度比值在 1/15～1/13，符合高强混凝土经验公式 $f_{ts}=0.30f_{cu}^{2/3}$。

3）弹性模量：自密实混凝土的弹性模量与抗压强度之间的关系与 ACI 推荐的普通振捣混凝土的关系相似。但也有报道说自密实混凝土相对于同强度等级的普通混凝土，弹性模量有所降低，但最大幅度不会超过 20%。

4）自密实混凝土与钢筋的黏结锚固性能：有文献报道自密实混凝土与钢筋的黏结锚固强度高于同强度等级的普通混凝土，我国有关混凝土与钢筋黏结锚固的规范条文同样适用于自密实混凝土。另外，自密实混凝土开始发生自由端滑移的荷载值高于普通混凝土，表明在滑移较小的阶段表现出较高的黏结刚度。

5）自密实混凝土的应力—应变关系：研究表明养护制度对自密实混凝土的应力—应变全曲线形状没有太大影响，峰值应变比普通混凝土大，达到峰值应力后的下降速率比普通混凝土快，$\sigma=0.85f_c$ 相应的应变比普通混凝土小。

6）自密实混凝土徐变：自密实混凝土配合比的多样性导致目前对自密实混凝土徐变性能还缺少系统研究。

（3）自密实混凝土耐久性研究现状。普通混凝土耐久性的研究历史悠久，到目前为止国内外都已经取得了较多的研究成果，形成了相关标准。提出了混凝土碳化与钢筋锈蚀理论、氯离子侵蚀与钢筋锈蚀理论、碱—集料反应理论、混凝土冻融破坏理论以及其他盐类腐蚀理论等；混凝土构件耐久性鉴定主要根据材料老化机理对结构现状做出合理的耐久性评价，主要有实用鉴定法和剩余寿命预测法等。

相对于普通混凝土的耐久性研究，自密实混凝土耐久性研究成果相对欠缺，已经取得的主要研究成果包括：

　　国外学者 Stephan Assie 等通过水压渗透、汞压渗透、渗氧、氯离子扩散、微观孔径吸附作用等试验，比较了 C20、C40、C60 自密实混凝土和振捣混凝土的耐久性，表明自密实混凝土的耐久性优于普通混凝土。Ganesan N 等通过试验从渗透、耐磨、抗酸侵蚀等方面研究了钢纤维增强自密实混凝土的耐久性，表明掺入钢纤维的自密实混凝土具有更好的耐久性。Assie A 等研究了低强度自密实混凝土和振捣混凝土之间的渗氧、氯离子扩散等方面的耐久性，研究表明两者耐久性相似。Kurdowski. W 等研究了硬化自密实混凝土的收缩和抗冻融循环等性能，发现 90d 后的混凝土收缩率为 0.4～0.55mm/m，抗冻性能良好。Persson 和 Bertil 研究了同配比条件下的自密实混凝土和普通混凝土的渗透性，表明自密实混凝土的抗氯离子扩散性更好。Peter 等比较了强度 70MPa 的自密实混凝土和普通混凝土的力学性能和部分耐久性，表明自密实混凝土的耐久性较好。

　　国内许多学者也对自密实混凝土的耐久性开展了研究，重点对比了自密实混凝土与相同强度等级的普通振捣混凝土的抗渗性，发现自密实混凝土的抗渗性较优。欧阳华林研究了 C50 自密实混凝土耐久性，测试了其抗渗性、抗冻性和收缩徐变等性能，结果表明各项性能指标良好。陈建雄研究了高掺量复合矿物掺合料配制的自密实混凝土的耐久性，重点研究了水胶比 0.32 的混凝土的抗碳化、抗渗以及收缩性能，表明掺合料越多其抗渗性、抗碳化能力越好，收缩越小。赵庆新研究了膨胀剂用量、水胶比、引气剂及养护制度对 C40 自密实混凝土干燥收缩和抗渗性的影响。

　　中国土木工程学会标准《自密实混凝土设计与施工指南》（CEES02—2004）介绍了自密实混凝土的抗冻性能及抗渗性能；标准养护和蒸汽养护的自密实混凝土经过 125 次冻融循环后，混凝土外观良好、无质量损失；强度损失对于自密实混凝土在标准养护条件下的试件而言为 17.5%，而蒸汽养护的试件则为 7.6%。当经过 200 次冻融循环后，两种不同养护制度的试件质量损失均只有 0.2%，强度损失都小于 25%。说明两种不同养护制度下混凝土的抗冻性良好。同时采用 ASTM C1202 方法测试了掺加 25%～40% 粉煤灰的 C40—C60 自密实混凝土的电通量，当混凝土养护 28d 时，混凝土 6h 库仑电量均小于 1000C（库伦），表明抗渗性良好。

　　综上所述，国外对于自密实混凝土（SCC）的研究除了力学性能和微观的物理化学效应之外，主要集中于掺合料和引气剂对耐久性的影响，包括混凝土抗渗性、抗碳化、抗冻融、收缩性能等，大多数学者认为自密实混凝土较普通混凝土具有更好的耐久性，但也有少数学者认为自密实混凝土在某些方面不如普通混凝土好（如经济性）。此外，也有研究表明，自密实混凝土与普通混凝土的干燥收缩影响及发展规律相似，但由于自密实混凝土比同强度等级的普通混凝土胶凝材料用量大、砂率高，若配合比设计不当容易导致结构在非荷载作用下的抗裂性能降低，尤其是早期抗裂性能。目前对自密实混凝土的塑性收缩、自收缩及约束条件下的抗裂性能还缺乏深入系统研究，同时自密实混凝土的钢筋锈蚀等领域的研究成果不足。

总之，相对普通混凝土而言，研究自密实混凝土耐久性的成果目前较少，包括钢筋锈蚀和耐久性等综合指标的研究并不全面，并且对于某些性能指标还存在意见分歧，因此有必要开展此领域的研究工作。

5.8.2　自密实混凝土用原材料及试验方法

1. 自密实混凝土中各种组成材料技术要求

（1）常用的矿物掺合料。矿物掺合料是指在混凝土拌和物中，为了节约水泥，改善混凝土性能加入的具有一定细度的天然或者人造的矿物粉体材料，也称为矿物外加剂，是混凝土的第六组分。常用的矿物掺合料有：粉煤灰、粒化高炉矿渣粉、硅灰、沸石粉等。粉煤灰应用最普遍。

1）粉煤灰。粉煤灰又称飞灰，是由燃烧煤粉的锅炉烟气中收集到的细粉末，其颗粒多呈球形，表面光滑，大部分由直径以 μm 计的实心和（或）中空玻璃微珠以及少量的莫来石、石英等结晶物质所组成。

①粉煤灰质量要求和等级。根据国家标准《用于水泥和混凝土中的粉煤灰》（GB/T 1596—2005）的规定，粉煤灰分为 F 类和 C 类，按质量指标粉煤灰分Ⅰ、Ⅱ、Ⅲ三个等级，其质量指标见表 5-3。

表 5-3　　　　　　　　　　　　粉煤灰等级与质量指标

序号	指标		级别		
			Ⅰ	Ⅱ	Ⅲ
1	细度（45μm 方孔筛筛余）（%）	≤	12	25	45
2	需水量比（%）	≤	95	105	115
3	烧失量（%）	≤	5	8	15
4	含水量（%）	≤	1.0		
5	三氧化硫（%）	≤	3.0		
6	游离氧化钙（%）	≤	F 类粉煤灰≤1.0；C 类粉煤灰≤4.0		
7	安定性，雷氏夹沸煮后增加距离/mm		C 类粉煤灰≤5.0		

注：其中 1、2、3 项 F 类与 C 类粉煤灰的要求相同。

②粉煤灰掺合料在工程中的应用。粉煤灰有高钙粉煤灰和低钙粉煤灰之分，由褐煤燃烧形成的粉煤灰，其氧化钙含量较高（一般 CaO 含量＞10%），呈褐黄色，称为高钙粉煤灰（C 类），它具有一定的水硬性；由烟煤和无烟煤燃烧形成的粉煤灰，其氧化钙含量很低（一般 CaO 含量＜10%），呈灰色或深灰色，称为

低钙粉煤灰（F 类），一般具有火山灰活性。

F 类粉煤灰来源比较广泛，是当前国内外用量最大、使用范围最广的混凝土掺合料，C 类粉煤灰其游离氧化钙含量较高，应控制在 4.0％以内，否则可能造成混凝土开裂。粉煤灰由于其本身的化学成分、结构和颗粒形状特征，在混凝土中产生下列三种效应：

Ⅰ. 活性效应（火山灰效应）。粉煤灰中活性 SiO_2 及 Al_2O_3 与水泥水化生成的 $Ca(OH)_2$ 反应生成具有水硬性的低碱度水化硅酸钙和水化铝酸钙，从而起到了增强作用。由于上述反应消耗了水泥石中的 $Ca(OH)_2$，一方面对于改善混凝土的耐久性起到了积极的作用，另一方面却因此降低了混凝土的抗碳化性能。

Ⅱ. 形态效应。粉煤灰颗粒大部分为玻璃体微珠，掺入混凝土中可减小拌和物的内摩阻力，起到减水、分散、匀化作用。

Ⅲ. 微集料效应。粉煤灰中的微细颗粒均匀分布在水泥浆内，填充空隙和毛细孔，改善了混凝土的孔结构，增加了密实度。

上述效应综合的结果，可改善混凝土拌和物的和易性、可泵性，并能降低混凝土的水化热，提高抗硫酸盐腐蚀能力，抑制碱－骨料反应。其缺点是早期强度和抗碳化能力有所降低。

掺粉煤灰混凝土适用于一般工业与民用建筑结构，尤其适用于泵送混凝土、商品混凝土、大体积混凝土、抗渗混凝土、地下及水工混凝土、道路混凝土及碾压混凝土等。应用粉煤灰遵循的标准是《粉煤灰混凝土应用技术规范》（GB/T 50146—2014）。

2）硅灰。硅灰又称硅粉或硅烟灰，是从生产硅铁合金或硅钢等所排放的烟气中收集到的颗粒极细的烟尘，色呈浅灰到深灰。硅灰的颗粒是微细的玻璃球体，部分粒子凝聚成片或球状的粒子。其平均粒径为 $0.1\sim0.2\mu m$，是水泥颗粒粒径的 1/100～1/50，比表面积高达 20 000～25 000m^2/kg。其主要成分是 SiO_2（占 90％以上），它的活性要比水泥高 1～3 倍。以 10％硅灰等量取代水泥，混凝土强度可提高 25％以上。由于硅灰具有高比表面积，因而其需水量很大，将其作为混凝土掺合料，须配以减水剂，方可保证混凝土的和易性。硅粉混凝土的特点是特别早强和耐磨，很容易获得早强，而且耐磨性优良。硅粉使用时掺量较少，一般为胶凝材料总重的 5％～10％，且不高于 15％，通常与其他矿物掺合料复合使用。在我国，因其产量低，目前价格很高，出于价格考虑，一般混凝土强度低于 80MPa 时，都不考虑掺加硅粉。

3）粒化高炉矿渣粉。粒化高炉矿渣粉是由粒化高炉矿渣经干燥、磨细而成的粉状材料，简称矿渣粉，又称矿渣微粉。其细度大于 350m^2/kg，一般为 400～600m^2/kg，其活性比粉煤灰高，掺量也可比粉煤灰大，可以等量取代水泥，使混凝土的多项性能得以显著改善。

根据《用于水泥和混凝土中的粒化高炉矿渣粉》（GB/T 18046—2008）的规定，矿渣粉按 7d 和 28d 的活性指数，分为 S105、S95 和 S75 三个级别，其技术要求见表 5-4。

表 5-4　　　　　　　　　　　　　矿渣粉技术要求

级别	密度 /(g/cm³) ≥	比表面积 /(kg/m²) ≥	活性指数（%）≥		流动度比（%）≥	含水量（%）≤	三氧化硫（%）≤	氯离子（%）≤	烧失量（%）≤	玻璃体（%）≥	放射性
			7d	28d							
S105		500	95	105							
S95	2.8	400	75	95	95	1.0	4.0	0.06	3.0	85	合格
S75		350	55	75							

粒化高炉矿渣在水淬时形成的大量玻璃体，具有微弱的自身水硬性。用于高性能混凝土的矿渣粉磨至比表面积超过 $400m^2/kg$，可以较充分地发挥其活性，减少泌水性。研究表明矿渣磨得越细，其活性越高，掺入混凝土中后，早期产生的水化热越多，越不利于控制混凝土的温升，而且成本较高；当矿渣的比表面积超过 $400m^2/kg$ 后，用于很低水胶比的混凝土中时，混凝土早期的自收缩随掺量的增加而增大；矿渣粉磨得越细，掺量越大，则低水胶比的高性能混凝土拌和物越黏稠。因此，磨细矿渣的比表面积不宜过细。用于大体积混凝土时，矿渣的比表面积宜不超过 $420m^2/kg$；超过 $420m^2/kg$ 的，宜用于水胶比不很低的非大体积混凝土；而且矿渣颗粒多为棱形，会使混凝土拌和物的需水量随着掺入矿渣微粉细度的提高而增加，同时生产成本也大幅度提高，综合经济技术效果并不好。

磨细矿渣粉和粉煤灰复合掺入时，矿渣粉弥补了粉煤灰的先天"缺钙"的不足，而粉煤灰又可起到辅助减水作用，同时自干燥收缩和干燥收缩都很小，上述问题可以得到缓解。而且复掺可改善颗粒级配和混凝土的孔结构及孔级配，进一步提高混凝土的耐久性，是未来商品混凝土发展的趋势。

4）沸石粉。沸石粉是天然的沸石岩磨细而成的，具有很大的内表面积。含有一定量活性 SiO_2 和 Al_2O_3，能与水泥水化析出的氢氧化钙作用，生成胶凝物质。沸石粉用作混凝土掺合料可改善混凝土的和易性，提高混凝土强度、抗渗性和抗冻性，抑止碱集料反应。主要用于配制高强混凝土、流态混凝土及泵送混凝土。

（2）掺合料在混凝土中的作用

1）掺合料可代替部分水泥，成本低廉，经济效益显著。

2）增大混凝土的后期强度。矿物细掺料中含有活性的 SiO_2 和 Al_2O_3，与水泥中的石膏及水泥水化生成的 $Ca(OH)_2$ 反应，生成 C—S—H 和 C—A—H、水化硫铝酸钙。提高了混凝土的后期强度。但是值得提出的是除硅灰外的矿物细掺料，混凝土的早期强度随着掺量的增加而降低。

3）改善新拌混凝土的工作性。混凝土提高流动性后，很容易使混凝土产生离析和泌水，掺入粉煤灰等矿物细掺料后，混凝土具有很好的黏聚性。

4）降低混凝土温升。在大体积混凝土施工中，由于水泥的水化热可能会导致混凝土产生裂缝。加入掺合料，减少了水泥用量，降低了水泥的水化热，则可降低混凝土的温升。

5）提高混凝土的耐久性。混凝土的耐久性与水泥水化产生的 $Ca(OH)_2$ 密切相关，矿物细掺料和 $Ca(OH)_2$ 发生化学反应，降低了混凝土中的 $Ca(OH)_2$ 含量；同时减少混凝土中大的毛细孔，优化混凝土孔结构，使混凝土结构更加致密，提高了混凝土的抗冻性、抗渗性、抗硫酸盐侵蚀等耐久性能。

6）抑制碱-骨料反应。试验证明，矿物掺合料掺量较大时，可以有效地抑制碱—骨料反应。内掺 30% 的低钙粉煤灰能有效地抑制碱硅反应的有害膨胀，利用矿渣抑制碱骨料反应，其掺量宜超过 40%。

7）不同矿物细掺料复合使用的"超叠效应"。不同矿物细掺料在混凝土中的作用有各自的特点，例如矿渣火山灰活性较高，有利于提高混凝土强度，但自干燥收缩大；掺优质粉煤灰的混凝土需水量小，且自干燥收缩和干燥收缩都很小，在低水胶比下可保证较好的抗碳化性能。硅灰可以提高混凝土的早期和后期强度，但自干燥收缩大，且不利于降低混凝土温升。因此，复掺时，可充分发挥他们的各自优点，取长补短。例如，可复掺粉煤灰和硅灰，用硅灰提高混凝土的早期强度，用优质粉煤灰降低混凝土需水量和自干燥收缩。

总之，鉴于自密实混凝土的特殊性，其胶凝材料即水泥和各种掺合料在满足现行标准的前提下，必须考虑与各类外加剂的兼容性问题，掺合料的需水量也必须进行控制，粗骨料的最大粒径控制在 20mm 以内，以保证自密实混凝土的工作性能。

2. 自密实混凝土工作性常用的试验方法

自密实混凝土工作性常用的试验方法大部分与普通混凝土相同，但在新拌混凝土的工作性能检测与控制等方面有一些特殊的方法，这里简介如下：

新拌自密实混凝土的工作性能包括：填充性能、间隙通过性能和抗离析性能。《自密实混凝土应用技术规程》（JGJ/T 283—2012）提出了混凝土拌和物自密实性能指标，见表 5-5。

通常用坍落扩展度（T_{500} 作为参考）来检测自密实混凝土的填充性。间隙通过性除 J 环扩展度差值评价外还应采用 L 型仪来检测自密实混凝土的间隙通过性能和抗离析性能。

表 5-5　　　　　　　　　　　　混凝土拌和物自密实性能指标

检测性能	测试方法	测试值	性能等级	性能指标
填充性	坍落扩展度	坍落扩展度	SF1	'550~650mm
			SF2	660~750mm
			SF3	760~850mm
	T50	扩展时间	VS	2s≤T50≥5s
间隙通过性	J 环扩展度	坍落扩展度与有环条件下的扩展度差值	PA1	25mm≤PA1≤50mm
			PA2	0mm≤PA2≤25mm
抗离析性	筛析法	浮浆百分比	SR1	≤20%
			SR2	≤15%
	跳桌法	离析率	fm	≤10%

5.8.3　自密实混凝土的配制及基本力学性能

1. 自密实混凝土的配制原理

根据流变学原理，自密实混凝土拌和物的黏聚性较强，屈服强度较大，流变曲线接近宾汉姆黏塑性体流变曲线。因此，可以采用宾汉姆模型研究自密实混凝土拌和物的流变性能。在自密实混凝土配制过程中，需要从自密实混凝土的特点入手，充分考虑自密实混凝土流动性能、抗离析性能、自填充性能、浆体用量和体积稳定性的矛盾，需要一套成系统的设计原则作指导。在此情况下，通过外加剂、胶结材料、粗细骨料的选择及优化，使拌和物的屈服剪应力足够小，同时具有一定的塑性黏度，确保不出现离析和泌水等问题，并具有良好的流变性能。自密实混凝土的配合比设计基本原则如下。

（1）和易性原则。和易性包括流动性、稳定性、保坍性、黏聚性等，优良的和易性是自密实混凝土最主要的特点，是设计自密实混凝土应该首先考虑的问题，要保证自密实混凝土依靠自重达到密实填充状态。

（2）强度原则。自密实混凝土设计时应该在充分考虑和易性要求以后，通过调节其他配合比因素来满足强度要求。与其他混凝土一样，影响自密实混凝土强度的因素众多，因此其质量、特别是强度容易发生波动，而且一般振实混凝土的强度——水胶比经验公式已经不能满足自密实混凝土要求。

（3）耐久性原则。自密实混凝土的胶凝材料用量较大，导致收缩较大，必要时需要采取一定的控制措施，否则可能导致混凝土开裂，从而出现渗透、碳化、钢筋锈蚀等耐久性问题。如有特殊要求，还要对水泥品种进行限制，或加入其他抗侵蚀性外加剂。另外需要注意，使用的水泥品种必须要有与之相适应的高效减水剂。

（4）经济性原则。自密实混凝土胶凝材料和外加剂用量较大，要使自密实混凝土成为一种经济性混凝土，就要在保证其和易性、力学性能和耐久性要求的前提下，尽量减少水泥和外加剂用量。可以选用减水性粉煤灰代替部分水泥，降低水泥和高效减水剂的用量。或在砂浆体积不变的情况下适当增加砂的用量，以利于降低自密实混凝土的成本。

2. 配制自密实混凝土的技术途径

（1）优化水泥品质指标。水泥的品质指标应在满足国标的前提下，注重以下三点：第一，水泥与各类外加剂的相容性非常重要。第二，要选用 C_3A 含量较低的水泥，避免减水剂被 C_3A 吸附过多，难以发挥作用。第三，控制水泥碱含量。

（2）改善水泥颗粒粒形和颗粒级配。通过改善水泥粉磨工艺可制得"球状水泥""调粒水泥"，节约用水量、流变性能优良。

（3）掺加矿物掺合料。

（4）采用低水胶比。

（5）采用优质砂石骨料。

3. 配制自密实混凝土的配合比设计法则

（1）水胶比法则。水胶比的大小与硬化后的强度成反比，并与耐久性密切相关，水胶比确定后不得随意改动。

（2）混凝土密实体积法则。欲配制均匀、密实的混凝土，应以颗粒级配良好的石子为骨架，以砂子填充石子的空隙并略有富余，又以浆体填充砂石空隙并包裹砂石表面，以形成砂石的润滑层，减少摩阻力，保证拌和物具有所要求的流动性。该拌和物的总体积为水、水泥、矿物掺合料、砂、石的密实体积之和。

（3）最小单位加水量或最小胶凝材料用量法则。在水胶比固定、原材料一定的情况下，使用满足工作性要求的最小加水量（即最小浆体量），可得到体积稳定、经济的混凝土。

（4）最小水泥用量法则。为减少水化热，降低混凝土的温升、提高混凝土抗环境因素侵蚀的能力，在满足混凝土早期强度要求的前提下，应尽量减少水泥用量。

4. 配制自密实混凝土的配合比参数选择

自密实混凝土配合比的设计主要参数有：水胶比、浆骨比、砂率和矿物掺合料掺量，由于影响其强度的因素比普通混凝土更为复杂，所以参数的确定主要应参照本地区、本单位经验数据的积累，通过试配确定。下面介绍本项目试配时的选择依据。

（1）水胶比。对有耐久性要求的混凝土，按照结构设计和施工给出"混凝土技术要求"中的最低强度等级，按保证率95%确定配制强度；以最大水胶比作为初选水胶比，再依次减小 0.05%～0.1%，取 3～5 个水胶比试配，得出水胶比和强度的直线关系，找出配制强度所需要的水胶比，进行再次试配。或按无掺合料的普通混凝土强度—水灰比关系选择一个基准水灰比，掺入粉煤灰后再按浆骨比调整水胶比。一般地，有耐久性要求的中等强度等级的混凝土，掺用粉煤灰超过 30% 时（包括水泥中已含的混合材料），水胶比宜不超过 0.44. 多为 0.28～0.44。

（2）浆骨（体积）比。在水胶比一定的情况下的用水量或者胶凝材料总量，或骨料总体积用量即反映浆骨比。

按《混凝土结构耐久性设计规范》（GB/T 50746—2008）对最小和最大胶凝材料用量的限定范围，由试配拌和物工作性确定，取尽量小的浆骨比值。可在 32∶68～38∶62，单位用水量可在 175～145kg/m³ 选择。

（3）砂石比。砂率的选择和粗细骨料的级配关系密切，自密实混凝土采用 5～20mm 的连续级配碎石，石子空隙率不大于 42% 为宜，砂率宜为 36%～45%，石子空隙率若达到 43%～47%，则砂率可在 40%～52%，以 45%～48% 为好。在水胶比和浆骨比一定的情况下，砂率的变动主要可影响工作性和变形性质，对硬化后的强度也会有所影响（在一定范围内，砂率小的，强度稍低，弹性模量稍大，开裂敏感性较低，拌和物黏聚性稍差，反之则相反）。

（4）矿物掺合料掺量。矿物掺合料掺量应视工程性质、环境和施工条件而选择。对于完全处于地下和水下的工程，尤其是大体积混凝土如基础底板、咬合桩或连续浇筑的地下连续墙、海水中的桥梁桩基以及常年处于干燥环境的构件等，当没有立即冻融作用时，矿物掺合料可以用到最大掺量（粉煤灰为 50%，磨细矿渣为 75%）；一年中环境相对湿度变化较大无化学腐蚀和冻融循环一般环境中的构件，粉煤灰掺量不宜大于 20%，矿渣掺量不宜大于 30%（均包括水泥中已含的混合材料）。不同环境下矿物掺合料掺量选择见 GB/T 50746—2008 附录 B，如果采取延长湿养护时间或其他增强钢筋的混凝土保护层密实度措施，则可超过以上限制。

5. 自密实混凝土配合比计算方法

从国内自密实混凝土研究的文献上看，配合比计算方法一般有四类：第一类是采用正交试验或所谓的"析因法"；第二类是直接引用高性能混凝土配合比计算的一些方法，如全计算法或改进全计算法；第三类为固定砂石体积含量的计算方法；第四类为经验推导法。结合现有国内标准规定的配合比计算方法来看，主要有固定砂石法、经验推导法及给各组分定典型用量范围三种形式。

（1）固定砂石体积含量法。固定砂石体积含量的计算方法是根据高流动自密实混凝土流动性及抗离析性和配合比因素之间的平衡关系，在试验研究的基础上得到的一种能较好适应自密实混凝土的高流动性特点和要求的配合比计算方法，其计算步骤如下：

1）自密实混凝土配合比设计的主要参数包括拌和物中的粗骨料松散体积、砂浆中砂的体积、浆体的水胶比、胶凝材料中掺合料用量。

2）设定 1m³ 混凝土中粗骨料的松散体积 V_g（$0.5\sim0.6$m³），根据粗骨料的堆积密度计算出粗骨料的用量 m_g。

3）根据粗骨料的表观密度计算出粗骨料的密实体积 V_g，由 1m³ 拌和物总体积减去 V_g 从而计算出砂浆密实体积 V_m。

4）设定砂浆中砂的体积含量（$0.42\sim0.44$），根据砂浆密实体积 V_m 和砂的体积含量，计算出砂的密实体积 V_s。

5）根据砂的密实体积和砂的表观密度计算出砂的用量 m_s。

6）从砂浆体积中减去砂的密实体积，得到浆体密实体积 V_p。

7）根据混凝土的设计强度等级，确定水胶比。

8）根据混凝土的耐久性、温升控制等要求设定胶凝材料中矿物掺合料的体积，根据矿物掺合料和水泥的体积比及各自的表观密度计算出胶凝材料的表观密度。

9）由胶凝材料的表观密度、水胶比计算出水和胶凝材料的体积比，再根据浆体体积、体积比及各自表观密度求出胶凝材料和水的体积，并计算出胶凝材料总用量和单位用水量 m_w。胶凝材料总用量范围宜为 $450\sim550$kg/m³，单位用水量宜小于 200kg/m³

10）根据胶凝材料体积和矿物掺合料体积及各自的表观密度，分别计算出每 1m³ 混凝土中水泥用量和矿物掺合料的用量。

11）根据试验选择外加剂的品种和掺量。

下面结合工程实例说明该方法的配合比设计过程：

1）已知：混凝土设计强度等级 C30，浇筑部位为 400mm 厚基础底板；石子堆积密度 1520kg/m³，表观密度 2740kg/m³。

砂子表观密度 2560kg/m³

水泥表观密度 3000kg/m³

粉煤灰表观密度 2000kg/m³

2）主要参数设置：每立方米混凝土中石子用量的松堆体积为 0.55m³；砂浆中砂体积含量为 43%；水胶比为 0.4；粉煤灰体积掺量为 45%。

3）计算。

石子用量 $G = 1520 \times 0.55 = 836(\text{kg})$

石子密实体积 $V_g = 836/2740 = 0.305(\text{m}^3)$

砂浆密实体积 $V_m = 1 - 0.305 = 0.695(\text{m}^3)$

砂密实体积 $V_s = 0.695 \times 0.43 = 0.299(\text{m}^3)$

砂用量 $S = 0.299 \times 2560 = 765$（kg）

浆体密实体积 $V_p = 0.695 - 0.299 = 0.396$（m³）

设水泥和粉煤灰总体积为 1m³，已知粉煤灰体积含量为 45%，故粉煤灰体积 $V_f = 0.45$m³

水泥体积 $V_c = 0.55$m³，根据各自表观密度计算其总量为：

$0.45 \times 2000 + 0.55 \times 3000 = 2550$（kg/m³）

则粉煤灰和水泥的质量比为 0.35 ：0.65

设胶凝材料的密度为 ρ_b，则

$0.35\rho_b/2000 + 0.65\rho_b/3000 = 1.0$

$\rho_b = 2553$kg/m³；

计算每立方米混凝土用水量和胶凝材料用量：已设水胶比为 $W/B = 0.4$，计算体积水胶比为

$$V_w/V_b = (0.4/1000)/(1/2553) = 0.0004 \times 2553 = 1.021 \qquad (5\text{-}1)$$

而
$$V_p = V_w + V_b = 0.396 \qquad (5\text{-}2)$$

联立式（5-1）和式（5-2）得：
$$V_b = 0.196 （m³）$$
$$V_w = 0.396 - 0.196 = 0.200 （m³）$$

水的密度为 1000kg/m³，则每立方米混凝土用水量为 $W = 200$kg

胶凝材料总量为 $B = 0.196 \times 2553 = 500.4$（kg）

其中　粉煤灰 $F = 0.196 \times 0.45 \times 2000 = 176.4$（kg）

水泥 $C = 500.4 - 176.4 = 324$（kg）或 $C = 0.196 \times 0.55 \times 3000 = 324$（kg）

计算结果：水胶比为 0.4，胶凝材料总量为 500.4kg，粉煤灰掺量为 35%。每立方米混凝土中各种材料用量为：水 200kg，水泥 324kg，粉煤灰 176.4kg，砂 765kg，石子 836kg。高效减水剂用量为 $B \times 1.8\%$。

4）在有较多经验的情况下也可按上述步骤计算出砂石用量后，设定水胶比和胶凝材料总量、掺合料掺量，直接计算出水、水泥和掺合料用量。例如，设每立方米混凝土中石子松堆体积为 0.5m³，则砂子体积含量为 0.43，水胶比为 0.35，总胶凝材料为 530kg，粉煤灰掺量为 30%。

石子用量 = $1520 \times 0.5 = 760$（kg）

石子密实体积 = $760/2740 = 0.277$（m³）

砂浆密实体积 = $1 - 0.277 = 0.723$（m³）

计算砂子密实体积 = $0.723 \times 0.43 = 0.311$（m³）

砂子用量为 $0.311 \times 2560 = 796$（kg）

水用量为 $530 \times 0.35 = 185.5$（kg）

粉煤灰掺量 $530 \times 0.3 = 159$（kg）

水泥用量＝530－159＝371（kg）

总量＝185.5＋371＋159＋796＋760＝2271.5（kg/m³）

实测混凝土表观密度为 2305kg/m³；校正系数＝2305/2271.5＝1.015。

实测值处于计算值的（1±2%）以内，故不需调整，计算的上述配合比可以确定。

（2）全计算法。全计算法的基本观点是：混凝土各组成材料具有体积加和性；石子的空隙由干砂浆填充；干砂浆的空隙由水填充；干砂浆由水泥、矿物掺合料、砂和空气所组成。其中的浆骨比（体积比）采用美国 P. K. Mehta 和 P. C. Aitcin 教授的观点，当浆骨比为 35：65 时，高性能混凝土可达到最佳的施工和易性和强度，故取胶浆体积 V_e＝350（L）。

对于一定粒径的碎石，石子空隙率 $P＝1－\rho_b/\rho_0$ (5-3)

干砂浆的体积 $V_{es}＝1000P$ (5-4)

全计算法中自密实混凝土的配制强度和水胶比的计算与普通混凝土相同，只是用水量和砂率按照体积模型推导出计算公式（普通混凝土这两个参数查表而得到）。

水胶比宜在 0.27～0.42，可根据强度等级不同按经验选取，由试验确定。

胶凝材料用量范围：450～550kg/m³，矿物掺合料对水泥的置换率可取 10%～70%。一般情况下，硅灰置换率取 10%～15%，粉煤灰 25%～30%，磨细高炉矿渣粉 30%～50%，矿物掺合料的种类和产量应通过试验确定。

砂率：砂率应大于 35%，能达到 40%～50%最好。

同样用全计算法计算上例配合比：

石子空隙率 $P＝1－1520/2740＝0.445$，$V_{es}＝445L$，$V_A＝10L$（含气量取 1%），矿物掺合料比例取 $V_c/V_f＝75/25$，则 $\Phi＝25\%$，

按体积模型推导的用水量和砂率公式计算：$V_w＝200L$，$S_p＝0.41$，胶凝材料用量 $B＝200/0.4＝500$（kg/m³）

$F＝25\%×500＝125$（kg/m³）

$C＝500－125＝375$（kg/m³）

$S＝(445－350＋200)×2560/1000＝755$（kg/m³）

$G＝(1000－445－200)×2740/1000＝973$（kg/m³）

减水剂用量暂取 B×1.8%，经试验确定。

鉴于全计算法计算的砂率偏小（0.41），虽可以节约胶凝材料但对拌和物流动性不利，中南大学等单位经过试验研究提出了改进的全计算法。

具体体现在砂石用量的计算方法上：

石子用量 $G＝\alpha\rho_g'＝0.55×1520＝836$

砂用量 $S＝\beta V_m\rho_g＝0.45×(1－G/\rho_g)\rho_g＝0.45×(1－836/2740)×2740＝857$

砂率 $S_p = 857/(857+836) = 0.51$

其他各项材料用量不变，计算时 α 取值 $0.50 \sim 0.60$，β 取值 $0.40 \sim 0.50$，从而保持砂率在 $0.45 \sim 0.52$，使自密实混凝土的流动性得到保证。

（3）简易配合比设计方法。项目组在组织学生进行大量配合比试验时，发现吴中伟院士 1955 年提出的简易配合比设计方法思路清晰、计算快捷，略作改进，便可达到配制效果。其配制原理简述如下：

遵循绝对体积设计原理，以试拌调整法为主。基本原则是要确定砂石最小的混合空隙率，即以普通混凝中砂石为一体系，水、胶凝材料为另一体系。根据两者的互补关系，在充分考虑流动性的基础上，确定合理的胶浆富余系数。通过确定砂石最低空隙率（实际为最佳砂率）、最小胶浆量等参数，来配置符合性能要求而又经济合理的混凝土。

具体步骤包括：

1）确定 SCC 性能指标。

2）求砂石混合空隙率 α，选择最小值。

可先从砂率 $38\% \sim 40\%$ 开始，将不同砂石比的砂石混合，分三次装入一个 $15 \sim 20\mathrm{L}$ 的不变形的容重筒中，用直径为 15mm 的圆头捣棒各插捣 30 下（或在振动台上振动至试料不在下沉为止），刮平表面后称量，并换算成堆积密度 ρ_0。

测出砂石混合料的表观密度 ρ，一般为 $2.65\mathrm{g/cm^3}$。

计算砂石混合空隙率 $\alpha = (1-\rho_0/\rho) \times 100\%$。找出最小砂石空隙率对应的砂率。最经济的混合空隙率约为 16%，一般为 $20\% \sim 22\%$，假定此时测出的最佳砂率为 48%。

3）计算胶凝材料浆量。

胶浆量等于砂石混合空隙体积加富余量。富余系数取决于和易性要求和外加剂用量，一般在 $8\% \sim 12\%$，可由试验确定。暂取 12%，α 取 22%，则浆体体积为 $0.34 \times 1000 = 340$（$\mathrm{L/m^3}$）。

4）计算各组分用量（基本参数同前例）。

胶凝材料重量/浆体体积 $= 1/(0.7/3.15 + 0.3/2.5 + 0.4) = 1.38$

即 1L 浆体用 1.38kg 胶凝材料

1 立方混凝土用胶凝材料总用量为 $B = 340 \times 1.38 = 470$（$\mathrm{kg/m^3}$）

$C = 470 \times 0.7 = 329$（$\mathrm{kg/m^3}$）

$F = 470 \times 0.3 = 141$（$\mathrm{kg/m^3}$）

$W = 470 \times 0.4 = 188$（$\mathrm{kg/m^3}$）

骨料总用量 $= (1000-340) \times 2.65 = 1749$

$S = 1749 \times 48\% = 840$（$\mathrm{kg/m^3}$）

$G = 1749 - 840 = 909$（$\mathrm{kg/m^3}$）

外加剂用量以 $B \times 1.8\%$ 试配确定。

材料总计 $2415 kg/m^3$

5）比较计算结果，提出改进建议：第一点强调浆量富余系数由于流动性的要求高，特别是 SCC 的要求，富余系数应在 $10\% \sim 18\%$，混合空隙率在 $20\% \sim 22\%$，这样浆体用量在 $30\% \sim 40\%$，与浆骨比在 35：65 为最佳的现代结论保持一致；第二点是粗骨料应该采取两个以上粒级混拌的方法，使混拌后的粗骨料空隙率小于 41%。从而使吴中伟院士在 60 多年前提出的简易配合比设计方法继续发挥指导作用，也是我们纪念吴中伟院士逝世 15 周年的最好方式之一。

（4）析因法。析因法主要是研究胶凝材料总量、矿物材料掺量、砂率、水胶比、浆体体积及外加剂掺量等不同因素对于混凝土工作性和强度的影响，确定各参数的合理用量范围，再按普通混凝土配合比设计方法进行配合比计算。例如，欧洲 EFNARC 规范和指南中指出粗骨料体积约为拌和物的 $28\% \sim 35\%$，松堆体积为 $50\% \sim 60\%$，砂在砂浆中的体积含量为 $40\% \sim 50\%$。由中国工程建设标准化协会标准编制的《自密实混凝土应用技术规程》（CECS203：2006）也是采用类似的方法，其具体计算步骤如下：

1）粗骨料的最大粒径和单位体积粗骨料量。

①粗骨料的最大粒径不宜大于 20mm。

②单位体积粗骨料量可参照表 5-6 选用。

表 5-6　　　　　　　　每立方米混凝土中粗骨料的体积

混凝土自密实性能等级	一级	二级	三级
单位体积粗骨料绝对体积/m³	$0.28 \sim 0.30$	$0.30 \sim 0.33$	$0.32 \sim 0.35$

2）单位体积用水量、水粉比和单位体积粉体量。

①单位体积用水量、水粉比和单位体积粉体量的选择，应根据分体的种类和性质以及骨料的品质进行选定，并保证自密实混凝土所需的性能。

②单位体积用水量宜为 $155 \sim 180 kg$。

③水粉比根据粉体的种类和掺量有所不同。按体积比宜为 $0.80 \sim 1.15$。

④根据单位体积用水量和水粉比计算得到单位体积粉体量。宜为 $0.16 \sim 0.23 m^3$。

⑤自密实混凝土单位体积浆体量宜为 $0.32 \sim 0.40$。

3）含气量。自密实混凝土的含气量应根据粗骨料最大粒径、强度混凝土结构的环境条件等因素确定，宜为 $1.5\% \sim 4.0\%$。有抗冻要求时应根据抗冻性要求确定新拌混凝土的含气量。

4）单位体积细骨料量。单位体积细骨料量应由单位体积粉体量、骨料中粉体含量、单位体积粗骨料量、单位体积用水量和含气量确定。

5) 单位体积胶凝材料体积用量。单位体积胶凝材料体积用量可由单位体积粉体量减去惰性粉体掺合料体积量以及骨料中小于 0.075mm 的粉体颗粒体积量确定。

6) 水胶比与理论单位体积水泥用量。应根据工程设计的强度计算出水胶比，并得到相应的理论单位体积水泥用量。

7) 实际单位体积活性矿物掺合料量和实际单位体积水泥用量。应根据活性矿物掺合料的种类和工程设计强度确定活性矿物掺合料的取代系数，然后通过胶凝材料体积用量、理论水泥用量和取代系数计算出实际单位体积活性矿物掺合料量和实际单位体积水泥用量。

6) 水胶比。应根据本条第 2、6、7 款计算得到的单位体积用水量、实际单位体积水泥用量以及单位体积活性矿物掺合料量计算出自密实混凝土的水胶比。

9) 外加剂掺量。高效减水剂和高性能减水剂等外加剂掺量应根据所需的自密实混凝土性能经过试配确定。

(5)《自密实混凝土应用技术规程》(JGJ/T 283—2012) 规定的配合比设计方法。根据工程结构形式、施工工艺以及环境因素进行配合比设计，并应综合考虑混凝土自密实性能、强度、耐久性以及其他性能要求，在固定砂石体积含量法的基础上，厦门市建筑科学研究院集团股份有限公司联合中南大学、湖南大学就对其进行改进、建立自密实混凝土水胶比计算公式，并组织大量科研院所、混凝土生产企业对其进行大量的验证，尤其 2010 年以来，苏博特杯全国大学生混凝土材料设计大赛中，75% 的参赛队伍采用此规程进行设计和验证，结果表明该配合比计算方法能较好地指导自密实混凝土工程实践。这里仅给出水胶比公式并加以简单说明，其他步骤与前述 4 种方法大同小异，详见 JGJ/T 283—2012。

该规程计算第 9 步，水胶比 (m_w/m_b) 应符合下列规定：

1) 当具备试验统计资料时，可根据工程所使用的原材料，通过建立的水胶比与混凝土抗压强度关系式来计算得到水胶比；

2) 当不具备上述试验统计资料时，水胶比可按下式计算：

$$m_w/m_b = 0.42 f_{ce}(1-\beta+\beta\gamma)/(f_{cu,0}+1.2) \tag{5-5}$$

式中　f_{ce}——水泥的 28d 实测抗压强度，可用 $1.1 \times f_{ce}g$ 计算；

　　　γ——矿物掺合料的胶凝系数；对于粉煤灰 ($\beta \leqslant 0.3$) 可取 0.4、矿渣粉 ($\beta \leqslant 0.4$) 可取 0.9；

　　　β——矿物掺合料掺量比例。

行业标准《自密实混凝土应用技术规程》(JGJ/T 283—2012) 将改进的全计算法与固定砂石体积含量法取得了统一并且改进后的全计算法中仍通过用水量计算公式将浆体体积与传统的水胶比定则联系起来，混凝土配合比的参数可全部定量按公式计算，计算公式和步骤简单，公式的物理意义明确，能比较容易为工程技术人员接受。

（6）配合比设计举例。

1）混凝土设计强度等级 C60，浇筑部位为 400mm 厚剪力墙，石子表观密度之 ρ_g＝2750kg/m³。

砂子表观密度 ρ_s＝2630kg/m³；水泥表观密度 ρ_c＝3000kg/m³；粉煤灰表观密度 ρ_f＝2000kg/m³；矿粉表观密度 2900kg/m³。要求自密实混凝土扩展度达到 655～750mm。

2）设每立方米混凝土中粗骨料的体积 V_g＝0.32m³。

3）粗骨料质量 G＝2750×0.32＝880（kg）；砂浆体积 V_m＝1－0.32＝0.68（m³）

根据砂浆密实体积和所设定的砂浆中砂的体积分数 Φ_s＝0.44，砂密实体积 V_s＝0.68×0.44＝0.2992（m³），得 S＝0.2992×2630＝787（kg）。

根据砂浆密实体积和砂密实体积，计算胶凝材料浆体密实体积 V_p＝V_m－V_s＝0.68－0.2992＝0.381（m³）。

根据粉煤灰质量分数为 0.2，矿粉质量分数 0.2，水泥质量分数为 0.6 以及各自表观密度，胶凝材料的表观密度为 ρ_b＝1/（0.2/2000＋0.2/2900＋0.6/3000）＝2710（kg/m³）。

计算自密实混凝土配制强度 $f_{cu,0}$＝60＋1.645×6＝69.87（MPa）。

根据粉煤灰胶凝系数取 0.4，矿渣粉取 0.9，水泥实测 28d 强度取 53MPa，按水胶比公式计算出水胶比为 0.27。

胶凝材料用量 B＝（381－10）/（1/2710＋0.27/1000）＝572（kg/m³）。

W＝572×0.27＝154（kg/m³）

C＝572×0.6＝343（kg/m³）

F＝572×0.2＝114（kg/m³）

矿粉 F_s＝572×0.2＝114（kg/m³）

外加剂按 1.2％计　　　　　m_{Ca}＝1.2％×572＝6.86（kg/m³）

混凝土理论表观密度为 572＋6.86＋880＋787＋154＝2400（kg/m³）

实测表观密度为 2416kg/m³

校正系数＝2416/2400＝1.007。

混凝土表观密度值与计算值之差的相对偏差值（％）

（2416－2400）/2400×100％＝0.7％≤2％，故计算的上述配合比可以确定。

6. 自密实混凝土配制思路总结

与普通混凝土相比，自密实混凝土工作性的显著特征是非常小的屈服剪应力，而集料的粒径是对屈服剪应力影响最大的因素。集料粒径越大，配制的混凝土的屈服剪应力也就越大。另外，集料的粒径越小，它在混凝土中沉降速度也越慢，有利于保持混凝土的稳定性。因此，在配制自密实混凝土时应控制集料的最大粒径。一般认为，自密实混凝土的集料的最大粒径应为 20～25mm。

如果将混凝土看成一个二元复合体系，集料看作粒子相，砂浆看作液体相，混凝土的流动性取决于液体相的数量和黏度。在保证混凝土流动性的前提下，砂浆黏度越大，需要的砂浆量越多；反之，若要减少砂浆数量，必须降低砂浆的黏度。否则，流动性得不到满足。

砂浆的黏度对混凝土的稳定性有较大的影响。砂浆黏度较大，集料运动的阻力则较大，因而不容易离析。

自密实混凝土一个突出的矛盾是流动性与稳定性的矛盾。从上述分析可以看出，解决这一矛盾的关键是：减小集料的粒径；以较大的砂浆黏度来保证混凝土的稳定性，以较大的砂浆量来提供流动性。这两点应该是自密实混凝土配合比设计的基本指导思想。

同样，砂浆也可以看成一个二元复合体系，集料看作为粒子相，胶浆看作为液体相，流动性取决于液体相的数量、黏度及含量。减少胶浆的数量和增大胶浆的稠度，尽管都使砂浆的流动性减小，但从流变学上看，这两者的作用是完全不一样的。砂浆也是一个 Bingham 体，减少水泥浆含量的主要影响是屈服剪应力值，而增大水泥浆的稠度主要影响是砂浆的黏度。因此自密实混凝土通常采用较大的胶浆量和较小的水胶比。

对于强度等级较高的自密实混凝土，由于水胶比较低，胶浆通常是富余的，黏度也较大。太大的黏度影响流动性，而太大的胶浆量会影响硬化后的体积稳定。因此应采取一些技术措施，适当减少胶浆的黏度。同时通过减少用水量来降低胶浆体积含量。如采用的高效减水剂，以及减水作用较强的优质粉煤灰等。较大掺量的优质粉煤灰不仅可以较大幅度地减少用水量，还有一定的提高硬化混凝土的体积稳定性的作用。采用较好级配的集料也将使混凝土的用水量减少。

对于强度等级较低的自密实混凝土，尽管从强度考虑可以采用较大的水胶比，但太大的水胶比使得水泥浆的黏度较小，容易离析。同时浆体体积含量较少。这将导致混凝土具有较大的屈服剪应力和较小的黏度，这与自密实混凝土的性能要求显然是不一致的。因此其配合比调整方向是增大水泥浆的体积含量和黏度。这种调整可以从三个方面考虑：调整集料的级配，使水泥浆相对富余；适当提高砂率；较大量地掺用矿物掺合料。

在低强度等级的自密实混凝土中，强度不是主要问题，关键是如何调整强度。采用增大水胶比的方法，必然带来胶浆数量不足，黏度太小的问题。但用较大量的矿物掺合料的方法调整混凝土的强度则不会引起这些问题。甚至还可以使水泥浆量增多，黏度增大，因为其密度小于水泥。一些较细的矿物掺合料还具有较强的保水作用，有利于混凝土的稳定。

在自密实混凝土中，必须保证较充足的水泥浆数量。从这一点来说第三个方面显得更为重要，是从根本上低强度等级自密实混凝土中水泥浆量不足问题的方法，而其他两个方面仅仅是一个补充。

需要特别指出的是，在自密实混凝土配制中，化学外加剂和矿物掺合料起了非常重要的作用。其作用体现在以下几个方面：

1) 调节胶浆黏度。高效减水剂具有增大流动性的功能，可以用来作为黏度调节剂，这对于高强自密实混凝土尤为重要。对于低强度自密实混凝土，矿物掺合料在不提高强度的前提下降低水胶比，增大胶浆黏度，提高混凝土的稳定性。

2) 调节胶浆体积含量。在自密实混凝土中，胶浆体积含量是协调工作性与硬化后变形性能的纽带，而在这一方面减水剂可以发挥很大的作用，可以减少浆体含量。与之相反掺合料的加入，由于其密度小于水泥，可以提高胶浆的体积含量。

3) 调整混凝土的强度。当强度要求较高时，可以通过减水来降低水胶比，提高强度。一些矿物掺合料在一定的掺量范围内也有增强作用。当下调强度时，可以通过提高矿物混合料掺量来降低强度，使其满足设计要求。

4) 提高稳定性作用。在新拌混凝土中，掺入一些较细的矿物掺合料可以减少混凝土的泌水和离析。在硬化混凝土中，较大量的粉煤灰等一些火山灰矿物掺合料的存在，也可以减小混凝土的干缩变形和自生体积变形。这些都能提高混凝土的稳定性。

自密实混凝土的设计思路完全不同于普通混凝土。普通混凝土是根据强度等级来确定水胶比的，而自密实混凝土则是采用比较确定的水胶比，通过其他组分来调节强度的；普通混凝土是根据用水量来确定胶凝材料，自密实混凝土则是根据胶浆体积含量来确定胶凝材料用量。在进行自密实混凝土配合比设计时应特别注意这些方面的差异，转变设计观念。

7. 自密实混凝土的配合比实例及其性能

自 2010 年开始举办"苏博特"杯全国大学生混凝土材料设计大赛以来，自密实混凝土的配制技术一直是大赛的主题之一，该赛事每两年举办一次，我们学校 2014 年 5 月在第三届大赛之后决定报名参加 2016 年 7 月在北京建筑大学举办的第四届大赛，为此我们项目组结合大赛要求，于 2014 年 6 月开始组织学生进行相关培训和试验训练，同时开放实验室，由学生自主选择配合比设计方法，用学校教务处等部门资助的经费购置原材料和部分测试仪器进行试验研究，参试学生 21 人，3 人为一组，共有 7 组，每组做 3 次配比试验；经过 21 组次试验之后，从 7 个组中优选 2 组学生（6 人）围绕大赛要求做进一步强化训练，每组做 5 次配比试验，总结之后作为参赛基本方案，根据赛场统一提供的各项原材料及其参数状况对基本方案进行调整和制作试件，现场测试工作性能，养护期满测试强度指标。经过多方努力我们在全国 125 支参赛队伍中冲进前 40 名，获得国家级竞赛三等奖一项。在近两年期间的 31 次试验中，由于学生和老师都要经历一个逐步提高的过程，现将其中比较成功的 8 次的试验结果整理出来并进行分析和讨论。

（1）原材料。采用常规原材料来配置自密实混凝土，对原材料不作特殊要求。选取原材料的基本原则是货源充足易购、骨料分布广泛丰富，以便自密实混凝土的推广应用。

1）水泥。选用南阳蒲山水泥厂生产的华联牌 P. II42.5R 硅酸盐水泥，其主要性能见表 5 - 7。

表 5 - 7　　　　　　　　　　　　水泥的主要物理化学性能

密度 /(g/cm^3)	比表面积 /(m^2/kg)	碱含量 （%）	SO_3 （%）	MgO （%）	细度 （%）	抗压强度 /MPa		抗折强度 /MPa	
						3d	28d	3d	28d
3.14	365	0.49	2.49	1.45	2.4	27.3	48.0	4.7	7.5

2）粉煤灰。粉煤灰为南阳电厂一级粉煤灰，其主要组成和性能见表 5 - 8。

表 5 - 8　　　　　　　　　　　　粉煤灰的主要物理化学性能

密度 /(g/cm^3)	比表面积 /(m^2/kg)	碱含量 （%）	SO_3 （%）	烧失量 （%）	含水量 （%）	游离 CaO （%）	细度 （%）	需水量比 （%）
2.21	550	0.75	0.27	4.77	0.09	0.13	0.09	95

3）石子。选用卧龙区紫山 5～10mm、10～20mm 二级配机制碎石，压碎值为 8.1%，针片状颗粒含量为 4.6%，表观密度为 2740kg/m^3。

4）砂子。砂子采用中粗河沙，最大粒径 5mm，细度模数 2.6，含泥量小于 1%，表观密度为 2650kg/m^3。

5）外加剂。减水剂采用 PC 型聚羧酸高效减水剂，减水率 25%～30%。减水剂的掺量均按胶凝材料用量的固定比例掺入。

（2）配合比设计结果。采用上述原材料，用《自密实混凝土应用技术规程》（JGJ/T 283—2012）规定的配合比设计方法，配制了常用的 C30～C60 强度的混凝土，计算、试配、调整、制作试块，测试工作性和基本力学性能，见表 5 - 9。

表 5 - 9 C30~C60 自密实混凝土配合比及其工作性能

编号	水 /kg	水泥 /kg	粉煤灰 /kg	水胶比	砂 /kg	石 /kg	砂率 (%)	减水剂 (%)	坍落度 /mm	扩展度 /mm
SC3 - 1	185	350	90	0.42	771	969	44	0.8	240	585
SC3 - 2	185	250	190	0.42	771	969	44	0.7	260	570
SC4 - 1	176	382	94	0.37	731	1010	42	1.0	270	570
SC4 - 2	176	273	203	0.37	731	1010	42	0.9	250	560
SC5 - 1	164	412	100	0.32	700	1042	40	1.2	240	550
SC5 - 2	164	294	218	0.32	700	1042	40	1.0	240	555
SC6 - 1	152	440	110	0.28	668	1075	38	1.3	230	545
SC6 - 2	152	315	235	0.28	668	1075	38	1.2	245	555

（3）基本力学性能。列出上述配合比对应的龄期强度，主要根据抗压强度建立相应经验公式。目的在于比较自密实混凝土和普通混凝土在同条件下的力学性能差异，以及预测自密实混凝土的强度指标。

（4）试验结果分析。

1）表 5 - 9、表 5 - 10 是用《自密实混凝土应用技术规程》(JGJ/T 283—2012) 规定的配合比设计方法，配制了常用的 C30—C60 强度的混凝土，计算、试配、调整，制作试块，测试工作性和基本力学性能的结果，若用简易法、砂石体积含量固定法、全计算法等方法设计配合比，其设计结果略有差异，但其主要参数均在析因法给出的基本范围之内，其差异不过是在某一合理变化范围内的选择所影响，因此目前的设计规程并未限定某种方法，国家大赛时也提倡百花齐放，不拘一格，并且强调同一参赛单位，队伍不同，不得使用同一种方法设计配合比，既是鼓励学生的创造精神，也从另一方面说明配合比设计的复杂性仍然值

表 5 - 10 自密实混凝土抗压强度

编号	抗压强度/MPa				28d 弹性模量/GPa
	3d	7d	28d	90d	
SC3 - 1	15.7	22.6	34.3	44.5	32.9
SC3 - 2	14.3	21.8	33.2	45.3	28.8
SC4 - 1	20.7	30.8	44.8	58.7	34.6
SC4 - 2	18.1	26.2	42.0	59.6	31.3
SC5 - 1	31.7	41.8	54.4	70.8	38.6
SC5 - 2	27.6	36.7	48.7	68.9	35.7
SC6 - 1	37.0	48.5	62.3	76.3	42.0
SC6 - 2	33.3	45.6	60.3	76.0	38.7

得探索和研究，各种方法之间的差异和联系，既需要理论研究进行统一，也需要试验结果予以证明，真正实现殊途同归之时，才是自密实混凝土配制理论成熟之日，我们两年来的试验结果说明：不同方法设计结果之间的差异缩小，并且同时均满足析因法基本范围，因此可用析因法主要参数范围作为配合比设计结果的初审依据，通过初审后，进一步调整、试配、优化，确定配比结果。

2）抗压强度结果分析。

①自密实混凝土的抗压强度随着龄期的增长而增长，但早期强度增长较快，后期强度的增长明显小于早期，这是由于混凝土中掺入了高效减水剂后促进了水泥的早期水化所造成的。

②对于不同粉煤灰掺量的自密实混凝土，随着水胶比的减小，自密实混凝土抗压强度增加，并且强度发展速率增加。

③对于不同水胶比的自密实混凝土，其早期强度发展较快，3d 龄期的抗压强度可以达到 28d 强度的 43.1%～59.4%，7d 抗压强度可以达到 28d 强度的 66.0%～77.8%。

④在用水量及胶凝材料总量不变的情况下，随着粉煤灰掺量的增加，自密实混凝土早期抗压强度显著下降，同比下降 2%～5%。

⑤粉煤灰掺量对自密实混凝土后期强度的影响较大，在用水量及胶凝材料总量不变的情况下，随着粉煤灰掺量的增加，自密实混凝土后期抗压强度发展较快，90d/28d 强度同比增加 4%～10%。

3）自密实混凝土抗压强度规律公式探讨。

由于自密实混凝土的抗压强度发展的特点，普通混凝土的强度龄期发展对数规律已不再适用，美国规范 ACI209 提出抗压强度随龄期发展变化的关系用下式确定：

$$f_{cu}(t) = t \times f_{cu,28}/(a+bt) \tag{5-6}$$

式中　a，b——水泥种类常数；

　　　t——天数。

欧洲规范 CEB-FIP 提出的抗压强度发展规律为：

$$f_{cu}(t) = f_{cu,28}\, e^{s(1-\sqrt{28/t})} \tag{5-7}$$

式中　s——水泥种类常数，早强水泥 0.2，普通水泥 0.25，慢硬水泥 0.38。

结合本项目试验结果的强度数据，参考欧洲规范提出改进式（5-8），用来拟合 8 组实验结果：

$$f_{cu}(t) = f_{cu,28}\, e^{a(1-\sqrt{28/t})} \tag{5-8}$$

经过回归分析得：$a = 0.65 - 0.006 f_{cu,28}$ \tag{5-9}

因此本试验的强度龄期回归公式为：

$$f_{cu}(t) = f_{cu,28}\, e^{(0.65-0.006 f_{cu,28})(1-\sqrt{28/t})} \tag{5-10}$$

实际式（5-10）和式（5-7）非常相似，只是把影响强度的水泥种类因素指数 s 变成了与自密实混凝土的 28d 强度有关的因素指数 a，我们认为这种变化是把水泥种类的影响扩展到混凝土的 28d 强度上来观察是很有技术意义的，因为现行标准和规范对于 28d 强度是必测的，即可以由此预测后期强度，也可以据此公式用早期强度推测 28d 强度，下面就是用此公式以 28d 强度为基准，推算其他龄期强度的结果比较表，误差均以推算值的相对百分率表示，＋/－号表示实测值 ≥/≤ 推算值，见表 5-11。

表 5-11 自密实混凝土抗压强度实测值与推算值比较表

编号	抗压强度/MPa			
	3d	7d	28d	90d
SC3-1 实测值	15.7	22.6	34.3	44.5
推算值	13.8	22.0	34.3	41.8
%	13	2.7	0	6.4
SC3-2 实测值	14.3	21.8	33.2	45.3
推算值	13.1	21.2	33.2	41.6
%	9.2	2.8	0	8.9
SC4-1 实测值	20.7	30.8	44.8	58.7
推算值	20.5	30.6	44.8	53.0
%	0.9	0.6	0	10.7
SC4-2 实测值	18.1	26.2	42.0	59.6
推算值	18.5	28.2	42.0	54.1
%	−2.2	−7.1	0	10.1
SC5-1 实测值	31.7	41.8	54.4	70.8
推算值	28.0	39.4	54.4	64.7
%	13.2	6.1	0	9.4
SC5-2 实测值	27.6	36.7	48.7	68.9
推算值	25.4	34.1	48.7	61.8
%	8.6	7.6	0	11.5
SC6-1 实测值	37.0	48.5	62.3	76.3
推算值	35.3	47.3	62.3	70.4
%	4.8	2.5	0	8.4
SC6-2 实测值	33.3	45.6	60.3	76.0
推算值	33.4	45.2	60.3	68.5
%	−0.3	0.9	0	10.9

从表 5-11 中可以看出：

①式（5-10）中，7d 强度与 28d 强度符合度最高，误差均处于 8% 以内，且大部分在 5% 以内，因此建议自密实混凝土可以用 7d 龄期强度推测其 28d 强度，可靠性在 92% 以上。

②3d 强度与 28d 强度公式推算结果符合度稍低，误差在 13% 以下，用其作为推测依据，可靠度可达 87% 以上。

③90d 强度推算结果符合度较高，误差在 11.5% 以内，用其作为推测依据，可靠度在 88% 以上。

④总体上看，除了 3 个数据推算值偏高（7.1，2.2，0.3）外，其他 29 个数据均为偏低，从工程质量管理风险上看，此公式的应用是略有利于安全的预测和判断。

⑤由于本试验的水泥品种和强度等级的局限性，以及原材料的地域性限制，公式的应用范围受到许多限制，项目组在推广应用时就和专业的商混公司合作，保持所用原材料的一致性，定点向施工现场供应自密实混凝土拌和料，用此公式控制和预测强度取得的效果是令人满意的。

⑥若有其他原材料等方面的变化，建议通过试验回归分析，找出其合理的可靠的控制经验公式。

5.8.4　自密实混凝土工程应用实例验证

1. 工程概况

南阳市温凉河综合治理河道疏浚、河底处理、景观坝、拦河闸工程施工内容为：6.0km 长河道疏浚、河底处理、6 座景观坝、监控及控制、景观照明、亲水平台、硬质景观节点等工程。

本标段施工内容为：6 座景观坝工程（包含钢坝闸设备采购及安装工程）。

2. 闸室底板混凝土施工

底板混凝土浇筑时，按设计图纸分块分仓跳仓浇筑，各段连接缝均设止水及闭孔泡沫塑料板。混凝土板浇筑前清理仓面，检查模板和钢筋安装情况。经监理验仓合格后进行混凝土浇筑。浇筑时混凝土由拌和站统一拌和，6m³ 混凝土搅拌车水平运输，8t 履带起重机配 0.6m³ 料罐入仓，人工配合卸料。使用自密实混凝土免振密实后人工抹面收光。

3. 闸墩及上下游边墙混凝土浇筑

闸墩及上下游边墙混凝土浇筑入仓采用 8t 履带起重机配 0.6m³ 料罐吊运入仓，高度超过 2m 的仓面挂设溜筒，混凝土通过溜筒缓缓入仓。

混凝土浇筑时分层浇筑，分层厚度以 30~50cm 均匀上升，为控制混凝土对模板的侧压力，在混凝土浇筑过程中要将混凝土的竖向浇筑速度严格控制在规范允许范围以内。

为确保混凝土浇筑的外观质量，保证混凝土拆模后外表面达到优良标准。采用自密实混凝土免振密实收光。

4. 应用技术的效果

本工程混凝土 3000m³，共可节约 36 000kg 水泥，节约资金约 10 800 元。

免振自密实可节约人工费 15 元/m³，节约费用 45 000 元，扣除高效减水剂 10 元/m³，节约费用 1.5 万元，累计降低成本 2.58 万元，经济效益和环境保护效益十分显著。

5.8.5　结论与展望

目前在世界范围内，混凝土作为用途最广、用量最大的一种的建筑材料，研究自密实混凝土的特点和性能可以更方便的应用混凝土，充分发挥混凝土的优势。要让混凝土更好地为人类服务与环境协调发展，进一步促进混凝土科技进步，为不断探索发展途径和技术创新奠定基础，必须掌握自密实混凝土的强度、工作性、耐久性等各方面性能。其中混凝土龄期强度估测问题既与原材料组成有关，又和施工拆模时间有关，同时也会直接影响结构工程最终的质量验收。因此自密实混凝土龄期强度估测的可靠性就成为混凝土生产质量控制的重要因素。

本节在总结国内外研究成果的基础上，结合自密实混凝土强度的主要影响因素、原材料组成、集料特征、胶水比、温湿度、养护条件、龄期、施工工艺等方面进行了分析和探讨，本课题主要研究成果：

（1）课题组查阅国内外相关研究文献，系统总结了自密实混凝土的技术特点、配合比设计原则、提出了实现优配自密实混凝土的主要技术途径，这是本项目的成果之一。

（2）针对自密实混凝土的技术特点和性能要求，考虑自密实混凝土原材料组成的多样性和复杂性，研究了四类不同配制方法之间的区别与联系，重点是验证基于同样原则的不同方法配制的自密实混凝土可以达到非常相近的效果，可以实现殊途同归。

（3）结合南阳市龙升预拌自密实商品混凝土配制、实测数据，并在南阳理工学院土木工程学院实验中心、南阳理工学院教务处实践运行科的支持下，课题组组织 21 名同学进行自密实大流态混凝土的设计理论和技术操作培训实验，完成了多组不同配比的实验工作，从中总结出具有南阳骨料特点的配合比设计基本参数，提出了 C30、C35、C40 的参考配比和调整原则。在中低强自密实混凝土配制时，水胶比宜在 0.30～0.38，浆骨体积比宜在 33∶67～38∶62，砂率宜在 0.45～0.52，坍落度可达 270mm 以上，扩展度可在 650～750mm，其中胶凝材料用量较多，在 430～550kg/m³，各项强度指标良好。

（4）结合河南恒豫水利工程有限公司承建的南阳市温凉河河道整治拦河坝工程的混凝土配制和实测数据，对基于实验研究结果而确定的配合比表明：C30～C40 范围的混凝土，和易性指标符合度在 91％～109％，而强度指标符合度在 88％～112％。这样的符合度状况是可以作为施工单位的自密实混凝土生产的技术指导依据的。

（5）自密实混凝土的耐久性是课题组的重点研究方向之一，首先是选配耐久性研究用的混凝土材料，配制成预埋有无锈的光圆钢筋，保护层厚度 20mm，然后测试养护条件及龄期对钢筋锈蚀性能的影响，盐溶液浓度对钢筋锈蚀性能的影响。同时也通过电通量法研究了无筋素混凝土的渗透性，目的是评价自密实素混凝土的致密性。测试和评价的结果按照《建筑结构检测技术标准》（GB/T 50344—2004）给出的损伤年限的判别标准来看，除了氯离子盐类锈蚀速率高、危害大以外，其他因素对于钢筋的锈蚀速率的影响在自密实混凝土中均呈现降低、很低甚至可忽略的程度，这是耐久性提高的重大进展。只是氯离子锈蚀问题对于耐久性的危害不容小觑，根据菲克第一定律、菲克第二定律建立的氯离子扩散方程，结合自密实混凝土的边界条件求解，可以给出混凝土的劣化效应系数，从而建立氯离子扩散新模型，将由模型计算的某时某位置的氯离子浓度和英格兰的 Thomas 等 1987～1995 年进行的长达 8 年的浪溅区暴露试验测得的同时段同位置氯离子浓度数值比较，非常接近，氯离子浓度相差万分之二。因此新的氯离子扩散模型的建立使我们充满期待，在提高混凝土耐久性的征途上，氯离子锈蚀钢筋问题终将被突破，构件的耐久性将会大幅度的提高。

需要说明的是本项目试验所用的原材料，砂、碎石、卵石、水泥等在南阳虽然具有一定的代表性，但毕竟不可能代表南阳原材料状况的全部，因而自密实混凝土配制方法的适用性还有待于进一步验证，随着原材料资源状况的不断变化，应继续进行试验研究，与时俱进，给出阶段性控制和指导参数，具有重要的实际意义。

指数龄期强度公式（3-10）的适用性问题同样存在，鉴于南阳市目前在建的工程，高强段 C60 以上的自密实混凝土用量很少，验证时参考了国内相关同类型工程的技术性能资料，因而其可靠性低于中低强段。

对于国内少数工程开发使用的 80MPa 以上的超高强自密实混凝土，由于尚未纳入相关规范，本项目未进行探讨，随着超高强自密实混凝土的进一步发展和运用，研究其工作性、强度的发展和预测及耐久性，必然具有非常重要的意义。

参 考 文 献

[5-1] 何松华，赵碧华，刘永胜 . 纤维混凝土技术的研究新进展 [J]. 商品混凝土，2009（03）.

[5-2] 赵春，杜红伟. 泵送混凝土技术 [J]. 山西建筑，2013（02）.

[5-3] 余成行，师卫科. 泵送混凝土技术与超高泵送混凝土技术 [J]. 商品混凝土，2011（10）.

[5-4] 施海军. 高强度混凝土施工质量控制措施研究 [J]. 建材与装饰，2016（35）.

[5-5] 王天雄. 高强度与高性能混凝土有关问题的论述 [J]. 西北水电，2004（04）.

[5-6] 李继业，姜金名，葛兆生. 特殊性能新型混凝土技术 [M]. 北京：化学工业出版社，2007.

[5-7] 刘传忠. 绿色混凝土的发展及应用 [J]. 国外建材科技，2008（01）.

[5-8] 韩建国，阎培渝. 绿色混凝土的研究和应用现状及发展趋势 [J]. 混凝土世界，2016（06）.

[5-9] 李彦军，商建，尚伯忠. 智能混凝土的研究 [J]. 山西建筑，2009（05）.

[5-10] 吴泽进，施养杭. 智能混凝土的研究与应用评述 [J]. 混凝土，2009（11）.

[5-11] 隋莉莉，刘铁军，娄鹏. 混凝土技术的新进展——多功能智能混凝土 [J]. 水利水电技术，2006（12）.

[5-12] 李惠，欧进萍. 智能混凝土与结构 [J]. 工程力学，2007（S2）.

[5-13] 冯乃谦. 高性能与超高性能混凝土技术 [M]. 北京：中国建筑工业出版社，2015.6.

[5-14] 李悦. 自密实混凝土技术与工程应用 [M]. 北京：中国电力出版社，2013.6.

[5-15] 罗刚. 氯离子侵蚀环境下钢筋混凝土构件的耐久寿命预测 [D]. 泉州：华侨大学，2003.

[5-16] 杜红伟，方玲. 建筑材料 [M]. 沈阳：东北大学出版社，2016.

[5-17] 彭小芹，马铭彬. 土木工程材料 [M]. 重庆：重庆大学出版社，2002.

[5-18] 葛勇. 土木工程材料 [M]. 北京：中国建材工业出版社，2006.

[5-19] 杨静. 建筑材料 [M]. 北京：中国水利水电出版社，2004.

[5-20] 苏达根. 建筑材料与工程质量 [M]. 广州：华南理工大学出版社，1997.

[5-21] 苏达根. 水泥与混凝土工艺 [M]. 北京：化学工业出版社，2005.

[5-22] 刘娟红，宋少民. 绿色高性能混凝土技术与工程应用 [M]. 北京：中国电力出版社，2011.

[5-23] DuHongwei, DuTaisheng. Study On The Water Quality Protection in

View of Rocky Desertification Situation in JinHe Town，Journal of investigative Medicine，Volume. 63 lssue. 8 2015，9 SCIE S62 - S62.

[5 - 24] 袁勇．混凝土结构早期裂缝控制 [M]. 科学出版社，2004.

[5 - 25] 罗才毅．不同掺合料混凝土早龄期力学性能试验研究 [D]. 浙江大学，2002.

[5 - 26] 吴培明．混凝土结构 [M]. 武汉：武汉工业大学出版社，2001.

[5 - 27] 吕艳梅．商品混凝土收缩性能的试验研究（硕士论文）[D]. 郑州大学，2004，4.

[5 - 28] Duhongwei，Zhouzhe. On Water Quality Control in Light of Rocky Desertification Status in Madeng Town，Biotechnology An India Journal，Volume. 10lssue. 6 2014，8 EI 1649 - 1653.

[5 - 29] M. D. A. Thomas，P. B. Bamforth. Modelling chloride diffusion in concrete：Effect of ash and slag [J]. Cement and Concrete Research，1999，29（4）：487 - 495.